Java 程序设计基础

（活页式）

杨仁怀　郎川萍　肖祥林 ◎ 编著

西南交通大学出版社

·成　都·

内容简介

在"三教"改革的背景下,本书主要针对新时期高等职业院校计算机类相关专业"Java 程序设计基础"课程教育教学改革需要,参照专业教学标准,对接 1+X《大数据应用开发(Java)职业技能等级标准》编著而成。本书突出基础性、实用性、可操作性和新颖性,注重学习者职业素养和编程能力、创新能力的培养。全书以"Java 知识竞赛"小游戏为载体,有机融入课程思政元素,解构学科知识体系,重构教材内容,共分为 6 个模块,每个模块由多个任务组成,具体包括安装配置开发环境、搭建游戏主界面、开发数读 Java 模块、开发显示 Java 发展史模块、开发显示知识竞赛模块、部署程序等内容。通过学习本书内容,使学习者具备 Java 初级程序员的职业能力,为胜任 Java 软件开发工程师岗位打下坚实基础。

本书内容翔实、体系合理、实用性强、体例新颖,是学习 Java 程序设计的理想教材,既可作为高等职业院校计算机类相关专业教材,也可作为程序员自学的参考用书。

图书在版编目(CIP)数据

Java 程序设计基础 / 杨仁怀,郎川萍,肖祥林编著
. ─成都:西南交通大学出版社,2023.1
ISBN 978-7-5643-9110-2

Ⅰ. ①J… Ⅱ. ①杨… ②郎… ③肖… Ⅲ. ①JAVA 语言–程序设计–高等职业教育–教材 Ⅳ. ①TP312.8

中国版本图书馆 CIP 数据核字(2022)第 251146 号

Java Chengxu Sheji Jichu

Java 程序设计基础

杨仁怀　郎川萍　肖祥林　编著	责任编辑 / 李华宇
	封面设计 / GT 工作室

西南交通大学出版社出版发行

(四川省成都市金牛区二环路北一段 111 号西南交通大学创新大厦 21 楼　610031)

发行部电话:028-87600564　028-87600533
网址:http://www.xnjdcbs.com
印刷:四川玖艺呈现印刷有限公司

成品尺寸　185 mm×260 mm
印张　18.25　字数　400 千
版次　2023 年 1 月第 1 版　印次　2023 年 1 月第 1 次
书号　ISBN 978-7-5643-9110-2
定价　49.80 元

课件咨询电话:028-81435775
图书如有印装质量问题　本社负责退换
版权所有　盗版必究　举报电话:028-87600562

前言
PREFACE

从20世纪90年代诞生至今，Java凭借其优秀的平台设计能力及跨平台特性，在Web应用、云计算、大数据、物联网、可穿戴设备等新兴技术领域，得到了极其广泛的应用。"Java程序设计基础"是高等职业院校的一门专业基础课程，Java程序设计在计算机教育和软件开发中发挥着显著的作用。

本书主要针对新时期高等职业院校计算机类相关专业"Java程序设计基础"课程在"教师、教材、教法"改革方面的需要，参照专业教学标准和1+X《大数据应用开发（Java）职业技能等级标准》编著而成。本书遵循职业教育规律，突出实训性、操作性，注重学习者职业素养和编程能力、创新能力的培养，并融入了企业开发中新的技术和新的规范。

全书共分为6个模块：模块1主要介绍Java开发环境的安装、配置及测试；模块2主要介绍如何搭建游戏项目的主界面，包括Processing开发包的下载、安装和使用；模块3主要介绍如何开发数读Java模块，包括读取背景图片到数组、切换背景图片、函数封装代码等；模块4主要介绍如何开发显示Java发展史模块，包括记录坐标、读取坐标、识别类的属性、给类添加构造方法等；模块5主要介绍如何开发知识竞赛模块，包括绘制答题框、加载试题、试题切换等；模块6主要介绍系统的打包和部署。通过上述6个模块，在项目中有机融入了环境搭建、Java概念、基本语法、面向对象的程序设计、异常处理和常用系统类、数组、集合、GUI、多线程、Java的输入与输出、项目打包等知识，通过综合性项目训练，加强学生综合运用Java编程语言进行程序设计的能力。

本书由四川交通职业技术学院杨仁怀、郎川萍、肖祥林编著，他们都是长期从事"Java程序设计基础"课程教学的教师，全书由杨仁怀负责统稿，杨桦审稿。成都博高电管家科技有限公司杨渠江和成都思先行科技有限公司赵鹏编写了全书的代码，并全程给予了技术指导。

本书在编写过程中，参考了相关文献和网上资料，在此向作者表示衷心的感谢。由于编者水平有限，书中难免有不妥之处，热切期望得到专家和广大读者不吝赐教，批评指正。

编　者
2022年9月

目录 CONTENTS

模块 1　安装、配置开发环境 ·· 001
　　任务 1　安装、配置 JDK ·· 001
　　任务 2　创建第一个 Java 程序 ·· 009
　　任务 3　使用集成开发环境创建第一个 Java 程序 ·························· 017

模块 2　搭建游戏主界面 ·· 023
　　任务 1　在开发环境中引入 Processing 开发包 ···························· 023
　　任务 2　构建 Java 知识竞赛游戏主界面 ··································· 033
　　任务 3　在主界面上添加图形按钮 ··· 047
　　任务 4　给按钮添加鼠标响应 ··· 053
　　任务 5　开发竞赛攻略子模块 ··· 062

模块 3　开发数读 Java 模块 ·· 070
　　任务 1　搭建"数读 Java"模块主界面 ···································· 070
　　任务 2　读取背景图片到数组中 ··· 076
　　任务 3　切换背景图片 ··· 083
　　任务 4　使用函数封装代码 ··· 089
　　任务 5　顺序播放背景图片和暂停 ··· 096
　　任务 6　使用循环优化背景图片读取 ······································· 103

模块 4　开发显示"Java 发展史"模块 ··· 117
　　任务 1　记录路线坐标 ··· 117
　　任务 2　读取时间节点坐标 ··· 134
　　任务 3　识别类和类的属性 ··· 142
　　任务 4　给类增加构造方法 ··· 150
　　任务 5　绘制主要时间节点 ··· 157

任务 6　以动画形式显示 Java 发展史 ………………………………………………… 166

模块 5　开发知识竞赛模块 ………………………………………………………………… 174
　　任务 1　识别并设计知识竞赛中的类 ………………………………………………… 174
　　任务 2　让画面动起来 ………………………………………………………………… 190
　　任务 3　让玩家跳起来 ………………………………………………………………… 206
　　任务 4　在窗体上持续出现医疗包 …………………………………………………… 215
　　任务 5　碰撞检测 ……………………………………………………………………… 237
　　任务 6　给程序添加音效 ……………………………………………………………… 244
　　任务 7　新建答题窗口 ………………………………………………………………… 248
　　任务 8　加载试题 ……………………………………………………………………… 263
　　任务 9　切换试题和计分 ……………………………………………………………… 273

模块 6　部署程序 …………………………………………………………………………… 282
　　任务　打包和部署 ……………………………………………………………………… 282

参考文献 …………………………………………………………………………………… 286

模块 1　安装、配置开发环境

任务 1　安装、配置 JDK

【需求分析】

公司内统一使用的是 Windows10 操作系统，本次任务要求大家能从互联网上下载 JDK1.8 的安装文件，并在计算机上安装 JDK，最后配置环境变量 Path、JAVA_HOME 和 JRE_HOME。

【学习目标】

（1）能通过正确的途径（如官方网站）下载 JDK 安装文件；
（2）能根据操作系统选择正确的 JDK 安装文件；
（3）能正确配置环境变量；
（4）能使用 JDK 命令查看 JDK 版本。

【职业证书对接】

表 1-1　大数据应用开发（Java）职业技能等级要求（初级）

工作任务	职业技能要求
代码编写环境搭建	根据开发团队的要求，正确安装配置 JDK

【相关知识】

扫码加入课程。

配套 MOOC 资源

知识点 1　JDK

JDK 是 Java Development Kit 的简称，即 Java 开发工具包。JDK 是整个 Java 的核心，包括 Java 运行环境（Java Runtime Environment，简称 JRE）、Java 工具（如 Javac、Java、Javap 等）及 Java 基础类库（如 rt.jar）。要开发 Java 程序，必须先安装 JDK。JDK 默认安装在目录 C:\Program Files\Java 中，可以在 C:\Program Files\Java\jdk1.8.0_191\bin 下查看 JDK 提供的开发工具，在目录 C:\Program Files\Java\jdk1.8.0_191\jre\lib 下查看 Java 基础类库。

知识点 2　JRE

JRE 是 Java Runtime Environment 的缩写，是运行 Java 程序所必需的环境的集合。也就是说，如果没有安装 JRE，开发的程序也是不能成功运行的。

知识点 3　下载安装 JDK

1. 下载 JDK

打开浏览器，在 Oracle 官网找到下载地址，打开如图 1-1 所示的界面。

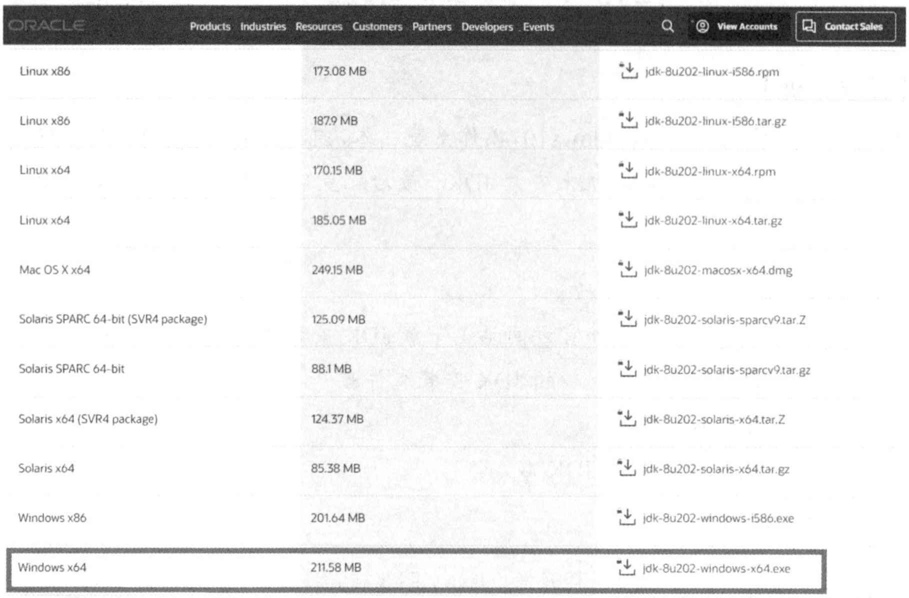

图 1-1　下载界面

根据计算机的操作系统选择相应的文件进行下载。公司统一使用的操作系统是 Windows 10（64 位），选择最后一个链接下载即可。如图 1-2 所示，勾选"I reviewed and accept the Oracle Technology Network License Agreement for Oracle Java SE"选项，点击"Download jdk-8u291- windows-x64.exe"按钮下载安装文件。如果没有登录，需要先登录 Oracle 账户，如图 1-3 所示。如果没有 Oracle 账户，点击按钮"创建账户"，申请新账户登录即可。

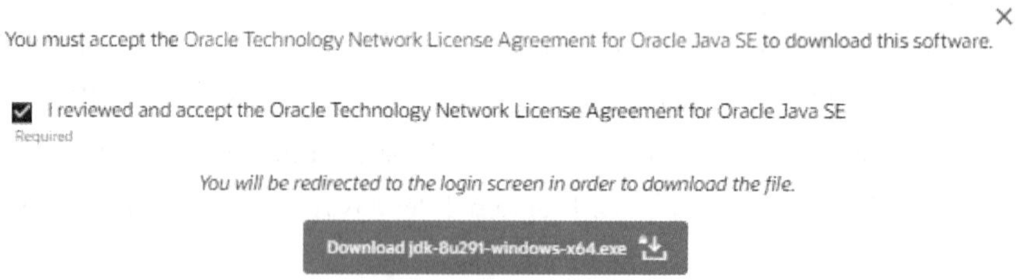

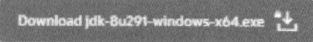

图 1-2　下载安装文件

图 1-3　Oracle 账户登录界面[①]

可以扫描下方二维码直接下载 JDK8 的安装文件。

2. 安装 JDK 和 JRE

下载完成后，双击安装文件，运行安装程序，如图 1-4 所示，单击"下一步"。

JDK8 安装文件

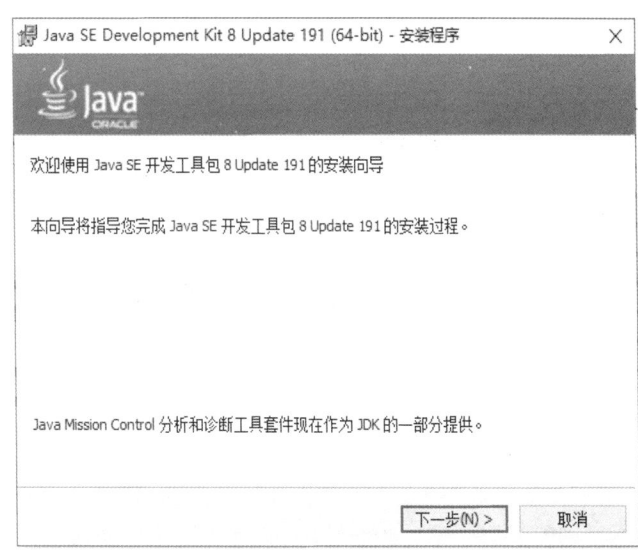

图 1-4　运行安装程序

JDK 默认的安装目录是 C:\Program Files\Java\jdk1.8.0_191，可以单击"更改"按钮更改该 JDK 的安装目录，然后点击"下一步"，如图 1-5 所示。安装成功界面如图 1-6 所示。

---

① "帐户"正确写法为"账户"。

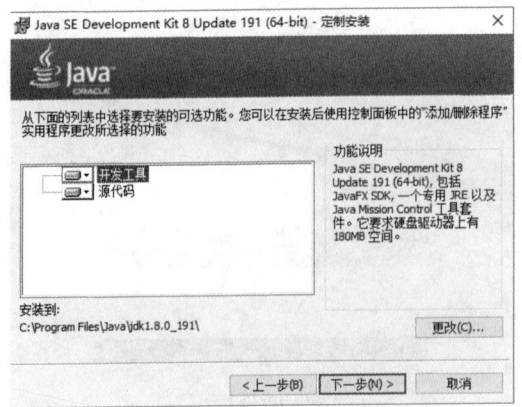

图 1-5　安装目录

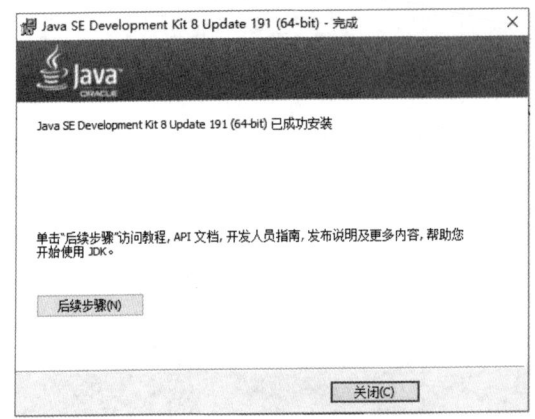

图 1-6　安装成功界面

3. 配置环境变量

1）配置 Path 环境变量

在桌面上找到图标"此电脑",单击鼠标右键,选择"属性",如图 1-7 所示。

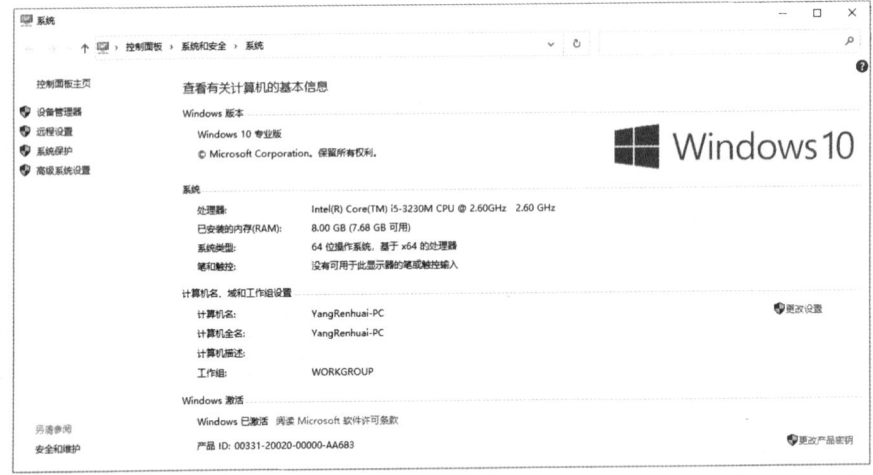

图 1-7　属性

点击"高级系统设置",如图 1-8 所示。点击"环境变量",如图 1-9 所示。

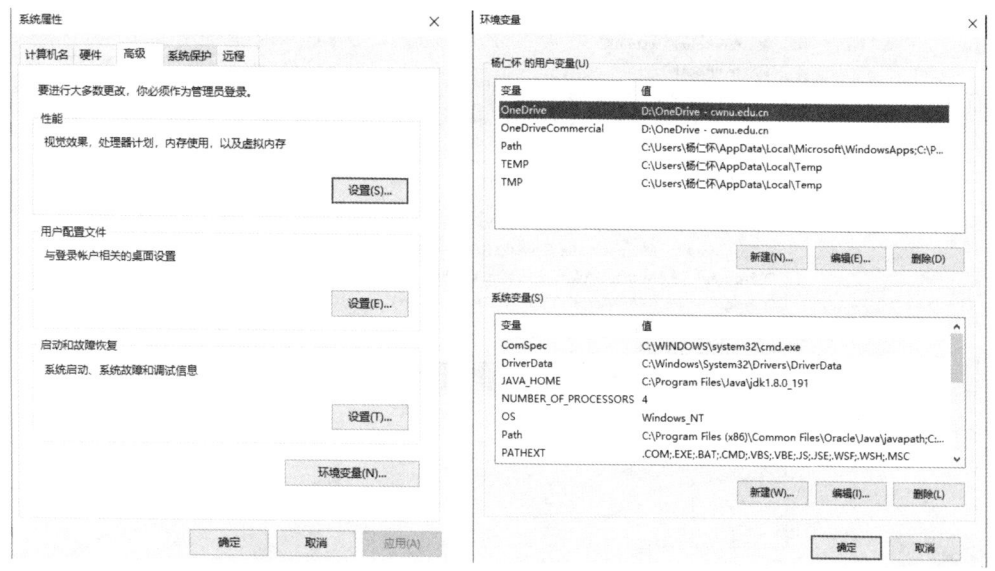

图 1-8　高级系统设置　　　　　　图 1-9　环境变量

选中系统变量中的 Path,点击"编辑"按钮,如图 1-10 所示。

图 1-10　编辑环境变量

点击"新建"按钮,输入 C:\Program Files\Java\jdk1.8.0_191\bin(此目录是默认安装路径,如果更改过安装目录,则输入更改后的目录路径),如图 1-11 所示,点击"确定"按钮。

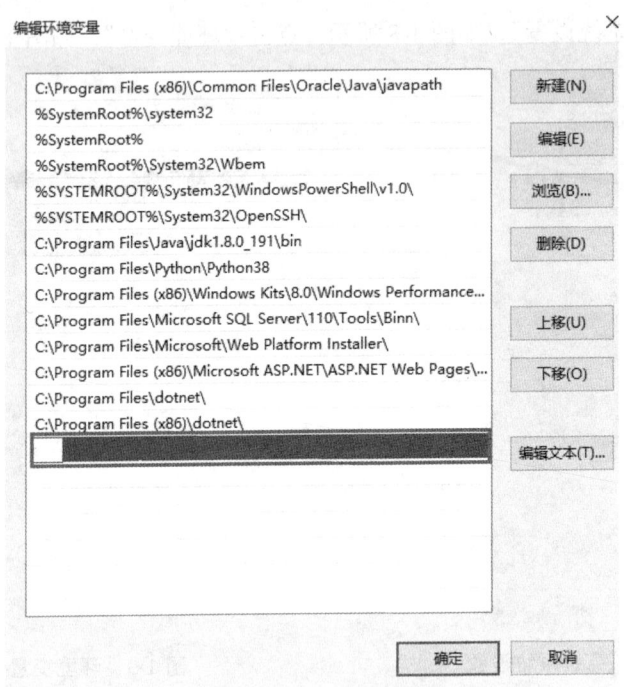

图 1-11 新建环境变量

2）配置 JAVA_HOME 环境变量

在图 1-9 所示的窗口中，点击"新建"按钮，如图 1-12 所示。在"变量名"后的文本框中输入"JAVA_HOME"，在"变量值"后的文本框输入"C:\Program Files\Java\ jdk1.8.0_191"，点击"确定"按钮。

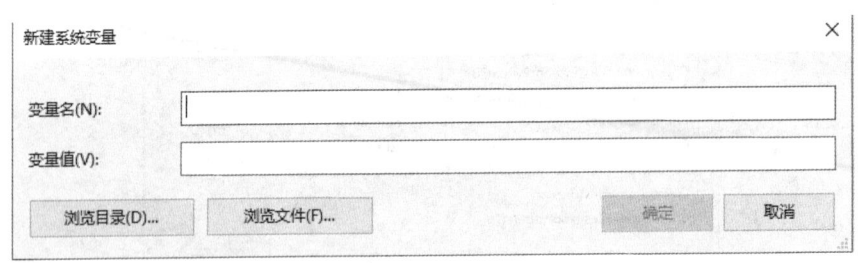

图 1-12 新建系统变量

3）配置 JRE_HOME 环境变量

在图 1-9 所示的窗口中，点击"新建"按钮，如图 1-12 所示。在"变量名"后的文本框中输入"JRE_HOME"，在"变量值"后的文本框输入"C:\Program Files\Java\jre1.8.0_191"，点击"确定"按钮。

4）测　试

按下组合键"Window+R"，如图 1-13 所示，输入"cmd"，点击"运行"按钮。在弹出的窗口中输入命令"java-version"，若能看到如图 1-14 所示的输出，则表明环境变量配置成功。

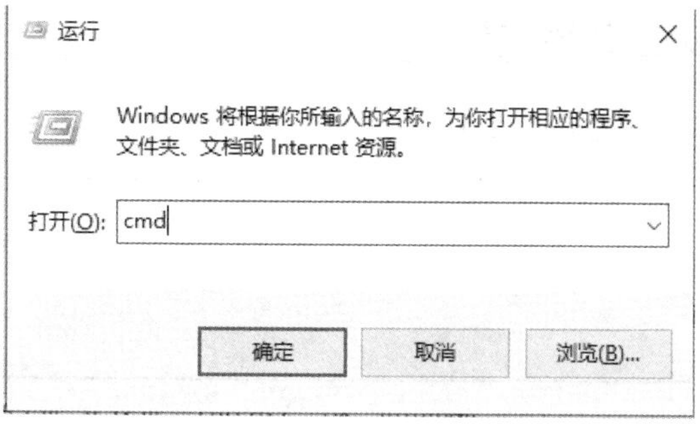

图 1-13 运行

```
C:\Users\杨仁怀>java -version
java version "1.8.0_191"
Java(TM) SE Runtime Environment (build 1.8.0_191-b12)
Java HotSpot(TM) 64-Bit Server VM (build 25.191-b12, mixed mode)
```

图 1-14 输出结果

【任务实施】

实操步骤 1　下载 JDK

请写出下载 JDK 的网址。

实操步骤 2　安装 JDK

现需要安装 JDK8，请根据操作系统选择 JDK 的安装文件，并填写在表 1-2 中。

表 1-2　根据操作系统选择 JDK 安装文件

操作系统	JDK 的安装文件
Windows7 32 位	
Windows7 64 位	
Windows10 32 位	
Windows10 64 位	
Cent OS7	

实操步骤 3　设置环境变量

安装 JDK 后还需要设置哪些环境变量？

实操步骤 4　设置环境变量的必要性

你能试着解释为什么要设置环境变量吗？如果没有设置环境变量，能运行 JDK 命令吗？如果能，怎么运行？

【评价测试】

完成任务后，请进行自我评价或小组交叉互评，并将结果填入表 1-3 中。

表 1-3　学生评价表

评价指标	评价标准	分值	得分
选择 JDK 安装文件	能根据操作系统选择正确的安装文件并安装	40	
配置环境变量 JAVA_HOME	能正确配置环境变量 JAVA_HOME	30	
配置环境变量 Path	能正确配置环境变量 Path	30	

【拓展提升】

技能进阶 1　JDK 的版本

请查阅资料，调查 JDK 都有哪些版本？填写在下面的方框中。

技能进阶 2　Java SE、J2EE 和 J2ME

在开发中，还经常听见 Java SE、J2EE 和 J2ME 三个名词。请查阅相关资料，填写表 1-4。

表 1-4　常见的 Java 开发平台

平台	作用
Java SE（标准版本）	
J2EE（企业版）	
Java ME（移动版）	

技能进阶 3　Java SE、J2EE 和 J2ME 之间的关系

Java SE、J2EE 和 J2ME 之间有什么关系，请查阅资料，将它们三者之间的关系填写在下面的方框中。

技能进阶 4　查看 JDK 版本

有时需要查看计算机上安装的 JDK 版本，请查阅资料，在下面的方框中填写如何查看已安装的 JDK 版本。

任务 2　创建第一个 Java 程序

【需求分析】

本次任务要求大家能够使用纯文本工具编写简单的 Java 程序，并使用 JDK 提供的工具验证 Java 程序的编译和运行机制。

【学习目标】

（1）能描述简单 Java 程序的结构；

（2）能使用纯文本工具编写简单的 Java 程序；

（3）能使用 Javac 命令编译 Java 程序；

（4）能使用 Java 命令运行 Java 程序；

（5）杜绝使用盗版软件，遵守《中华人民共和国知识产权保护法》，养成保护知识产权的责任意识。

【职业证书对接】

表 1-5 大数据应用开发（Java）职业技能等级要求（初级）

工作任务	职业技能要求
代码编写环境搭建	根据 Java 程序工作机制，验证 Java 程序的编译和运行是否正确； 能使用 Editplus 等基础工具编写程序源代码

【相关知识】

扫码加入课程。

配套 MOOC 资源

知识点 1 机器语言、汇编语言和高级语言

计算机语言通常是一个能完整、准确和规则地表达人们的意图，并用以指挥或控制计算机工作的"符号系统"。计算机语言通常分为三类，即机器语言、汇编语言和高级语言。

1. 机器语言

机器语言是用二进制代码表示的计算机能直接识别和执行的一种机器指令的集合，是一种面向机器的计算机语言。

用机器语言编写程序，编程人员要首先熟记指令代码和代码的含义，这往往需要花费大量的时间。而且编出的程序全是些 0 和 1 的指令代码，程序可读性非常差，且容易出错。但机器语言具有灵活、直接执行和速度快等特点。

2. 汇编语言

为了克服机器语言难读、难编、难记和易出错的缺点，人们就用与代码指令实际含义相近的英文缩写词、字母和数字等符号来取代指令代码（如用 ADD 表示运算符号"+"的机器代码），于是就产生了汇编语言。

汇编语言本质上仍然是面向机器的计算机语言。汇编语言由于是采用了助记符号来编写程序，比用机器语言的二进制代码编程要方便些，在一定程度上简化了编程过程，但使用起来还是比较烦琐，通用性也差。

汇编语言中由于使用了助记符号，用汇编语言编写的程序，计算机不能像用机器语言编写的程序一样直接识别和执行，必须通过"编译器"加工和翻译，才能变成能够被计算机识别和处理的二进制代码程序，如图 1-15 所示。

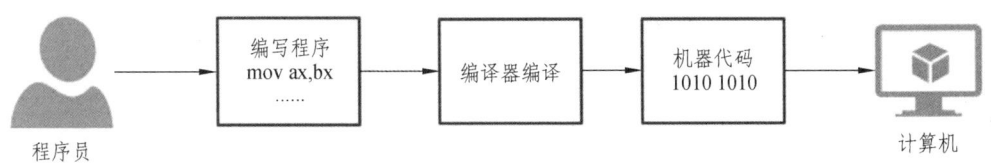

图 1-15　编译

3. 高级语言

高级语言是与人类自然语言相接近且能为计算机所接受的语义确定、规则明确、自然直观和通用易学的计算机语言。高级语言是面向用户的语言。无论何种机型的计算机，只要配备上相应的高级语言的编译或解释器，则用该高级语言编写的程序就可以通用。高级语言源程序可以用解释、编译两种方式执行，不过大多数高级语言都是编译后执行。Java就是一种高级语言，它比较特殊，是先编译生成字节码文件，然后将字节码解释执行。

知识点 2　纯文本编辑器

Java 源程序必须使用纯文本编辑器编写。纯文本是由无格式字符组成的，这些字符独立于程序。任何文本编辑器都可以读取和编辑纯文本文件，这种文本编辑器叫纯文本编辑器。常见的纯文本编辑器有 Windows 平台下的记事本、EditPlus、Visual Studio Code 等。

安装纯文本编辑器 EditPlus：在浏览器中通过搜索引擎找到 EditPlus 下载地址，如图 1-16 所示。点击 "Download EditPlus 5.4(64-bit,2.50MB)" 下载安装文件，运行安装文件安装即可。Editplus 是一款收费软件，这里安装的是试用版，到期后需要购买序列码。

图 1-16　EditPlus 下载界面

> **小提示**
>
> 我们要杜绝使用盗版软件，遵守《中华人民共和国知识产权法》，养成保护知识产权的责任意识。知识产权，一般是指人类智力劳动产生的智力劳动成果所有权。它是依照各国法律赋予符合条件的著作者、发明者或成果拥有者在一定期限内享有的独占权利。安装使用盗版软件显然是未经著作权人同意的，直接影响人是著作权人，会侵害著作权人的利益。

知识点 3　源程序的文件名

源程序的文件名是由主文件名加点和扩展名构成。Java 源程序的扩展名是 Java，如 HelloWorld.Java。

知识点 4　使用纯文本工具创建简单的 Java 程序

1. 编写源程序

使用 EditPlus 或其他的纯文本编辑器创建一个新文件，编写如下代码，保存为 HelloWorld.Java，本例保存在 D:\Java\HelloWorld.Java。

```java
1.    //程序清单1-1
2.    public class HelloWorld{
3.        public static void main(String[] args) {
4.            System.out.print("Hello World.");
5.        }
6.    }
```

> **小提示**
>
> class 后的"HelloWorld"是类名，保存的文件名一定要和类名相同，输入代码时一定要注意大小写。在 Java 中，public 和 Public 表示不同的含义。

2. 使用 javac 编译 Java 程序

单击开始菜单的 Windows，或按下键盘上的 Windows 键，或按下 Windows+R 组合键，输入"cmd"，敲击回车键。打开 cmd 工具，输入命令：

```
d:
cd Java
```

进入 D:\Java 目录。接着输入命令：

```
javac HelloWorld.Java
```

如果没有错误提示，表示编译成功。在 D:\Java 目录中创建了 HelloWorld.class 文件，如图 1-17 所示。

图 1-17　创建文件

3. 运行 Java 程序

打开 cmd 命令行工具，进入 D:\Java 目录，输入命令：

`java HelloWorld`

系统会运行刚刚编写的程序，会在命令窗口输出字符串"Hello World"，如图 1-18 所示。

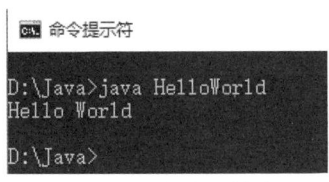

图 1-18　输出字符串

知识点 5　Java 程序的构成

程序清单 1-1 中的第 2 行是定义类。public 修饰符用于声明类是公有的，class 用于定义类的关键字，HelloWorld 是类的名字，后面跟有"{…}"是类体，"{"表示开始，"}"表示结束，类中可以有多个成员变量和方法（也叫函数）。源代码 HelloWorld.Java 中的 main 就是成员方法。

通常情况下，我们编写的 Java 代码都是由多个类构成的。我们可以在一个源程序中定义多个类，程序清单 1-2 中定义了 3 类：HelloWorld、A 和 B。

```
1.    //程序清单1-2
2.    public class HelloWorld {
3.        public static void main(String[] args) {
4.            System.out.println("Hello World!");
5.        }
6.    }
7.
8.    class A {
9.    }
10.
11.   class B {
12.   }
```

> **小提示**
> 一个源程序文件中包含多个类时，需要注意如下问题：
> （1）只能有一个类声明为公有（public）的。
> （2）文件名必须与公有类名完全相同，包括字母大小写。
> （3）public static void main(String[] args)只能定义在公有类中。

也可以将每一个类都保存在各自的源代码文件中。将 HelloWorld 类保存在 HelloWorld.Java 文件中，A 类保存在 A.Java 文件中，B 类保存在 B.Java 文件中。在企业开发中，都用的是第二种方式。

程序清单 1-1 中第 3 行代码是定义静态的 main 方法。Java 程序在运行时，首先执行有静态 main 方法的类，我们称静态 main 方法是整个程序的入口，一个 Java 程序要能正常执行，类中必须有静态 main 方法。当 Java 源程序有多个类时，静态 main 方法可以放在任何一个类中。main 方法中除参数名 args 可以自定义外，必须严格遵守以下两种格式：

```
public static void main(String args[])
public static void main(String[] args)
```

这两种格式本质上就是一种，String args[ ]和 String[ ] args 都是声明 String 数组。

程序清单 1-1 中第 4 行代码是输出字符串到控制台。System.out.print("Hello World.");语句是通过 Java 输出流（PrintStream）对象 System.out 打印字符串 Hello World 到控制台。输出流常用的打印方法有：

print(String s)：打印字符串不换行，有多个名称相同的方法，可以打印任何类型数据。
println(String x)：打印字符串换行，有多个名称相同的方法，可以打印任何类型数据。
printf(String format, Object... args)：使用指定输出格式，打印任何长度的数据，但不换行。

修改 HelloWorld.Java，代码如下：

```
1.   //程序清单 1-3
2.   public class HelloWorld {
3.       public static void main(String[] args) {
4.           System.out.println("Hello World!");
5.           System.out.printf("%s","Hello World");
6.           System.out.printf("%s\n","Hello World");
7.
8.           double d=1.2345;
9.           System.out.println(d);
10.          //使用%f 格式化浮点数
11.          System.out.printf("%f\n",d);
12.          System.out.printf("%10.2f\n",d);
```

```
13.            System.out.printf("%-10.2f",d);
14.            System.out.println("hello");
15.     }
16. }
```

使用 Javac 命令重新编译 HelloWorld.Java，使用 Java 命令运行程序，结果如图 1-19 所示。

```
Hello World!
Hello WorldHello World
1.2345
1.234500
      1.23
1.23      hello
```

图 1-19 运行结果

对照图 1-18 和图 1-19，解释程序的输出。

知识点 6 Java 程序编译和执行流程

Java 编写好的源程序编译和执行流程如图 1-20 所示。

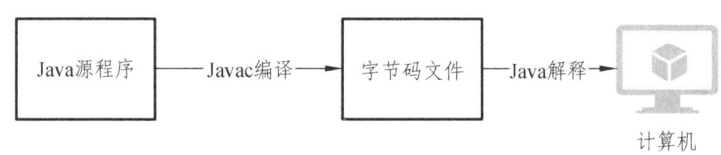

图 1-20 编译和执行流程

编译器（javac.exe）会将源代码翻译成字节码文件，也就是.class 文件。这是一个与计算机体系结构和操作系统无关的文件，也就是说在不同的计算机上、不同的操作系统上（如 Windows、Linux 或 Mac）编译器生成的.class 文件都是相同的。字节码文件可以很容易地在任何计算机上通过 Java 解释器（java.exe）动态翻译成本地代码。编译器和解释器都在 JDK 安装目录的 bin 文件夹下。

【任务实施】

实操步骤 1 使用纯文本工具编写 Java 程序

Java 程序是由一个个_____构成的，程序要能正常运行，必须要有入口类，入口类必须有静态的_____方法。

打开 EditPlus 编写 Java 程序，在控制台打印如图 1-21 所示的菱形，将源程序保存为 Program.Java。

图 1-21 菱形

实操步骤 2　JDK 常用命令

编译 Java 程序使用_____命令，运行编译后的字节码文件使用_____命令。使用这两个命令需要在 cmd 命令行工具中输入 DOS 命令。已知源程序保存在 D:\Java\Program.Java 中。请写出进入 D:\Java 目录要用到的 DOS 命令_____，查询 D:\Java 中文件的 DOS 命令_____。

实操步骤 3　编译源程序

请写出编译 D:\Java\Program.Java 的命令_____。编译成功后生成的文件是_____。

实操步骤 4　运行程序

运行 Java 程序的命令是_____。

【评价测试】

完成任务后，请进行自我评价或小组交叉互评，并将结果填入表 1-6 中。

表 1-6　学生评价表

评价指标	评价标准	分值	得分
编写源程序	能正确创建类，编译无错误	30	
编译源程序	能正确编译源程序，生成字节码文件	30	
运行程序	能正确运行程序，程序运行结果如图 1-21 所示	40	

【拓展提升】

技能进阶　使用 Java 命令编译运行程序

计算机技术在飞速发展，Java 的性能和功能也一直在改变，因此 JDK 版本众多，从

1.1 到 1.17。在企业开发中，JDK8 是使用最多的一个版本，本书选择的也是 JDK8。

对于源程序的编译，在 JDK11 中，引入了一个新的特性，可以不使用 Javac 先编译，直接使用 Java 编译和运行源程序。

任务 3　使用集成开发环境创建第一个 Java 程序

【需求分析】

本次任务要求大家了解当前常用的集成开发环境，能下载安装集成开发环境，并能使用集成开发环境 IDEA 创建简单的 Java 项目，输出图 1-21 所示的菱形。

【学习目标】

（1）能列举出前流行的 Java 集成开发环境；

（2）能通过正确的途径（如官方网站）下载集成开发环境安装文件；

（3）能使用集成开发环境创建简单的 Java 项目；

（4）杜绝使用盗版软件，遵守《中华人民共和国知识产权法》，养成保护知识产权的责任意识。

【职业证书对接】

表 1-7　大数据应用开发（Java）职业技能等级要求（初级）

工作任务	职业技能要求
代码编写环境搭建	能利用 Eclipse、IDEA 等常见集成开发环境创建工程项目，并按规范对文件命名

【相关知识】

扫码加入课程。

配套 MOOC 资源

知识点 1　集成开发环境

集成开发环境（IDE，Integrated Development Environment）是指用来开发应用程序的一种软件。使用集成开发环境，可以完成代码编写、分析、编译运行和调试，非常方便。常用的集成开发环境有 Visual Studio 系列、Eclipse、IntelliJ IDEA、PyCharm 等，其中 Eclipse 和 IntelliJ IDEA 是开发 Java 程序常用的集成开发环境。本书选用的开发环境是 IntelliJ IDEA。

知识点 2　Eclipse

Eclipse 是著名的集成开发环境，是开源的可扩展开发平台。Eclipse 不仅支持 Java 语言开发应用程序，还可以安装插件支持其他的开发语言，如 C++、Python 等。Eclipse

最初的版本开发于 1999 年，IBM（国际商业机器公司）在 2001 年将源代码贡献给开源社区，由非营利软件供应商联盟 Eclipse 基金会（Eclipse Foundation）管理。Eclipse 版本众多，截至 2021 年 3 月，最新版本是 4.19，可以在 Eclipse 官网下载安装。

知识点 3　IntelliJ IDEA

IntelliJ IDEA 是业界公认的最好的 Java 集成开发工具之一，简称 IDEA。相对于 Eclipse 来说，IDEA 主要有以下几个优势。

（1）对 Git、Maven、Spring 等常用框架支持度非常高，安装好 IDEA 后，不需要再额外安装插件，就能使用上述常用框架。

（2）代码提示速度非常快，提示范围广，对 Java、HTML、CSS、JavaScript、XML、JSP、SQL 等都能很好地进行提示。

（3）拥有众多好用的代码模板。

（4）能进行精准、快速的搜索.

IDEA 主要有两个版本：旗舰版（Ultimate）和社区版（Community）。其中，社区版是免费的，支持开发 Java 桌面应用和 Android 手机 App。本书的项目可以使用社区版开发，学习者可以在 Jetbrains 官网下载安装程序。

知识点 4　使用 IDEA 创建简单的 Java 程序

1. 创建项目

启动 IDEA，选择"Create New Project"，进入项目和 JDK 选择页面，如图 1-22 所示。

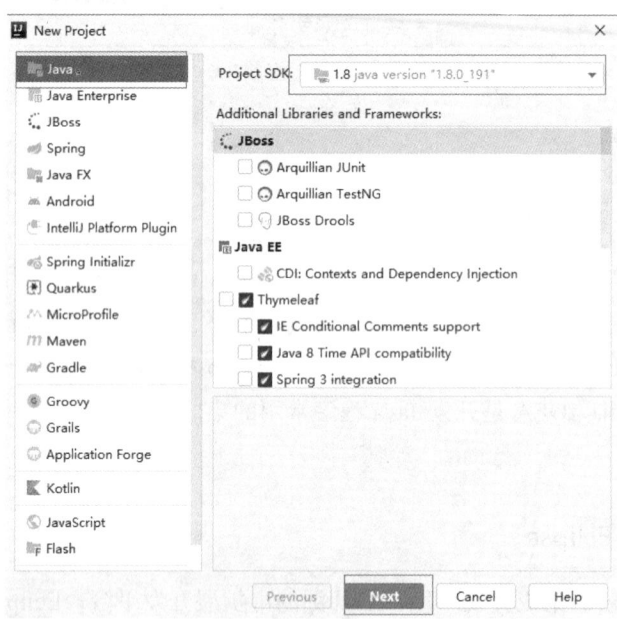

图 1-22　项目和 JDK 选择页面

在左侧选择"Java",右侧的 Project SDK 选择"1.8",点击"Next"按钮,进入模板选择页面,直接点击"Next",进入项目名称和位置设置页面,如图 1-23 所示。

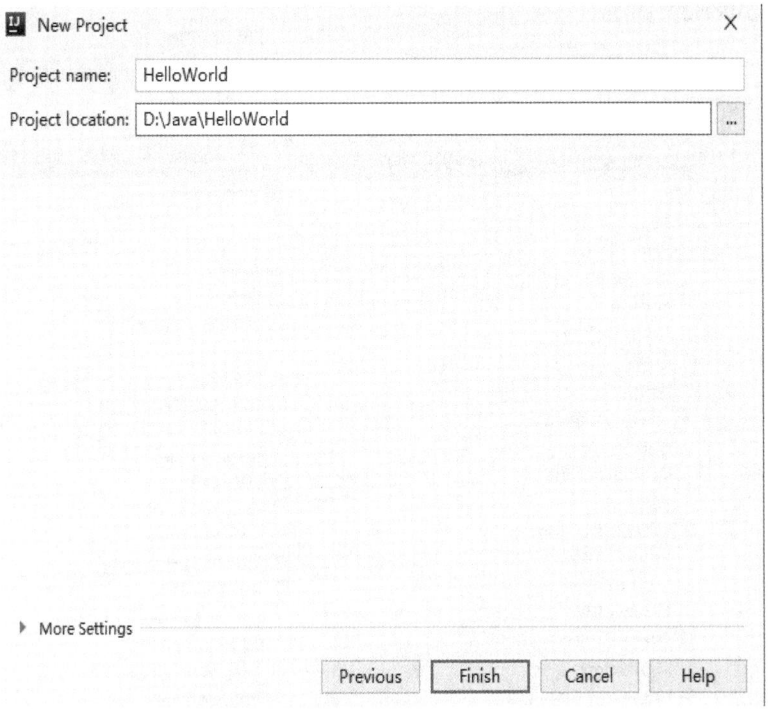

图 1-23　项目名称和位置设置页面

在"Project name"对应的文本框中输入"HelloWorld","Project location"对应的文本框中输入"D:\Java\HelloWorld",表示创建好的项目将存放在 D 盘根目录下的 Java\HelloWorld 文件夹中。也可以单击最右边的"…"按钮,更改项目存放的位置。最后点击"Finish",如果文件夹不存在,IDEA 会提示创建文件夹,点击"OK";如果项目文件夹存在,IDEA 会提示覆盖,这个时候要特别注意,确认内容可以覆盖,点击"OK",否则需要更换新的文件夹。创建好的项目结构如图 1-24 所示。

图 1-24　项目结构

2. 创建类

右击 src 文件夹，弹出如图 1-25 所示的菜单。选择 "New" → "Java Class"，创建名为 "HelloWorld" 的类。

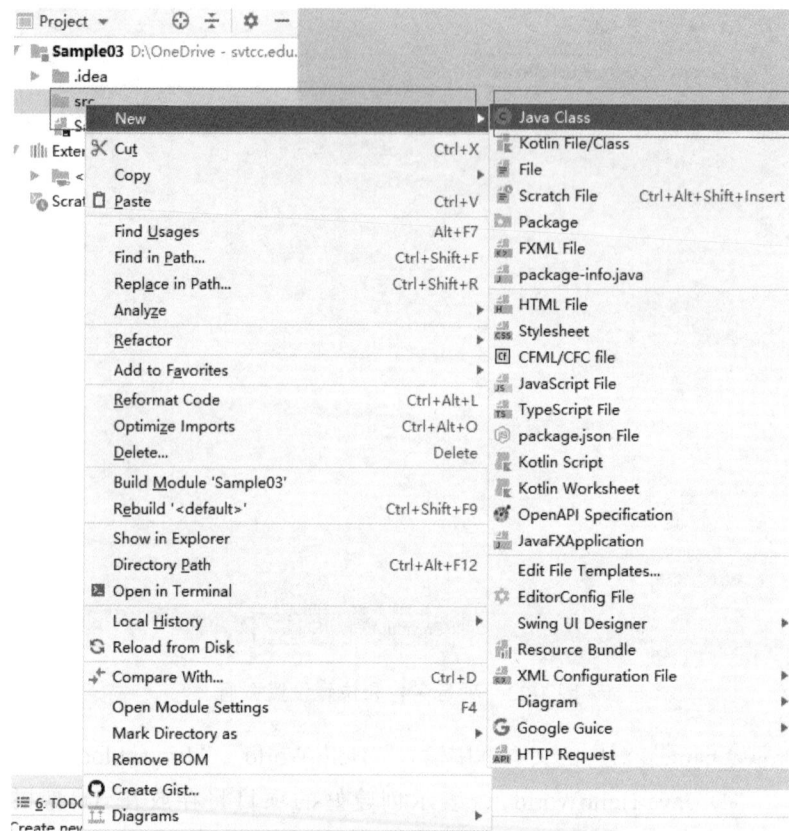

图 1-25　菜单

HelloWorld 类作为程序的入口类，类中有且只有一个静态的 main 方法。代码如下：

```
1.   //程序清单 1-4
2.   public class HelloWorld {
3.       public static void main(String[] args) {
4.           System.out.println("HelloWorld");
5.       }
6.   }
```

3. 运行程序

在 HelloWorld.Java 代码编辑区，单击鼠标右键，选择 "Run HelloWorld.main( )"，运行程序，如图 1-26 所示。

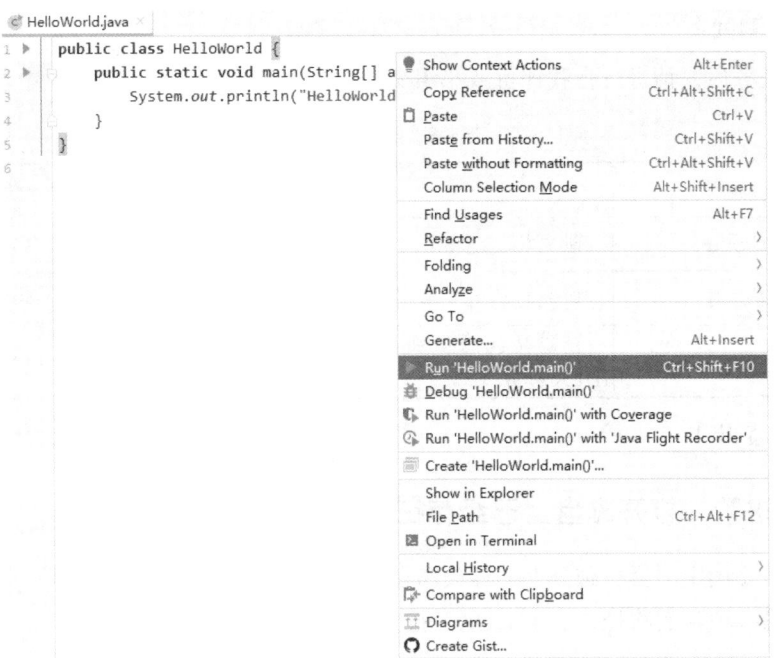

图 1-26 运行程序

若程序正常运行,将在控制台输出字符串"HelloWorld"。也可以尝试在控制台输出其他字符串。

【任务实施】

实操步骤 1 创建工程项目

使用 IDEA 创建 Java 项目,在磁盘上选择合适的位置保存项目。

实操步骤 2 创建类 Program

右击 src 文件夹,创建类 Program。在类中编写静态 main( ) 方法,输出图 1-21 所示的菱形。也可以尝试在控制台输出其他图形(如矩形、三角形等)或字符串。

实操步骤 3 运行程序

请在下列方框中写出在 IDEA 中创建简单 Java 项目并编译、运行程序的步骤。

【评价测试】

完成任务后,请进行自我评价或小组交叉互评,并将结果填入表 1-8 中。

表 1-8　学生评价表

评价指标	评价标准	分值	得分
创建项目	能成功创建项目	30	
编写程序	能成功运行并输出图 1-21 所示的图形	40	
项目在磁盘上的位置	能成功找到项目在磁盘上的存放位置,并使用 IDEA 打开	30	

【拓展提升】

技能进阶　打开磁盘上已经存在的项目

首先需要确定项目在磁盘上的存放路径。然后打开 IDEA,点击"Open"按钮,在地址栏中输入项目的路径,点击"OK"按钮即可。

模块 2　搭建游戏主界面

任务 1　在开发环境中引入 Processing 开发包

【需求分析】

本次任务要求大家能从互联网上下载 Processing 的 jar 包，在集成开发环境中创建 Java 工程项目，正确引入 jar 包，并能基于 Processing 创建一个简单的桌面应用程序。

【学习目标】

（1）能描述什么是 jar 包以及 jar 包的作用；

（2）能描述 Processing 的作用；

（3）能描述 import 关键字的作用；

（4）能在项目中引入 jar 包；

（5）能使用 import 关键字导入需要的类；

（6）能正确选择下载 jar 包的网站，注意防范病毒、木马及黑客攻击。

【职业证书对接】

表 2-1　大数据应用开发（Java）职业技能等级要求（初级）

工作任务	职业技能要求
代码编写环境搭建	能利用 Eclipse、IDEA 等常见集成开发环境创建 Java 工程项目

【相关知识】

扫码加入课程。

配套 MOOC 资源

知识点 1　Processing

Processing 是美国麻省理工学院媒体实验室基于 Java 语言开发的一种开源的可视化编程工具，简单来说，就是一种用来画画的语言。在 Processing 中，使用几行简单的 Java 代码就能得到一张漂亮的图片。Processing 最初的目的是通过可视化的方式辅助零基础的人学习编程语言，相较于传统的字符界面，人本能地对图片和动画更加敏感，更感兴趣，因此编程更容易入门。本书的目标并非是教大家使用 Processing 创建酷炫的图片和动画，而是借助 Processing 来介绍 Java 的相关知识。

　　Processing 有专门的编辑工具，目前最新的版本是 3.5.4，如图 2-1 所示，可以通过 Processing 官网下载安装。Processing 还提供了 jar 包，方便程序员在专业的编程工具（如 Eclipse、IDEA）中使用 Processing。本书并不需要大家安装 Processing 的编辑工具，而是在 IDEA 中引入 Processing 的 jar 包，使用 IDEA 开发程序。本书中的所有代码都是基于 IDEA 编写调试的。

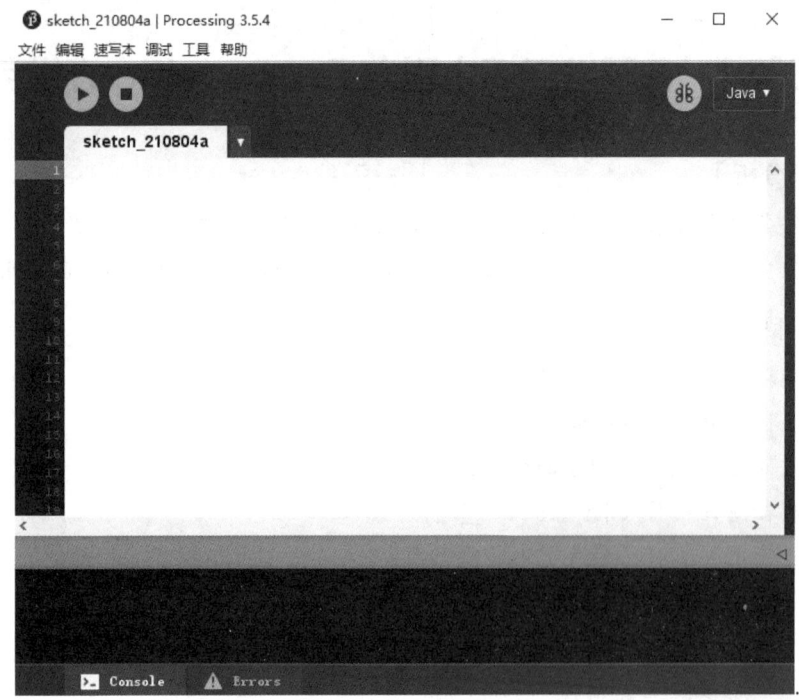

图 2-1　Processing 3.5.4

知识点 2　jar 包

　　JAR 是 Java Archive File 的缩写，后缀名为 jar 的文件称为 jar 包。这是一种与平台无关的文件格式，可以将多个文件合成到一个文件中，它是以大家熟悉的 Zip 格式进行压缩的。通常用户都是通过互联网下载 jar 包，经过压缩后可以减小文件的大小，从而缩短下载时间，提高效率。jar 包可以直接被编译器、JVM 使用。jar 包里面聚合了多个类、接口、相关的元数据以及各种资源文件（文本、图片和声音等文件）。

　　在集成开发环境中正确引入 jar 包，就可以使用 jar 包中的类和接口。

知识点 3　使用 import 导入类

　　本次任务中要用到的 Processing 的 jar 包中聚合了大量的类和接口，如图 2-2 所示。

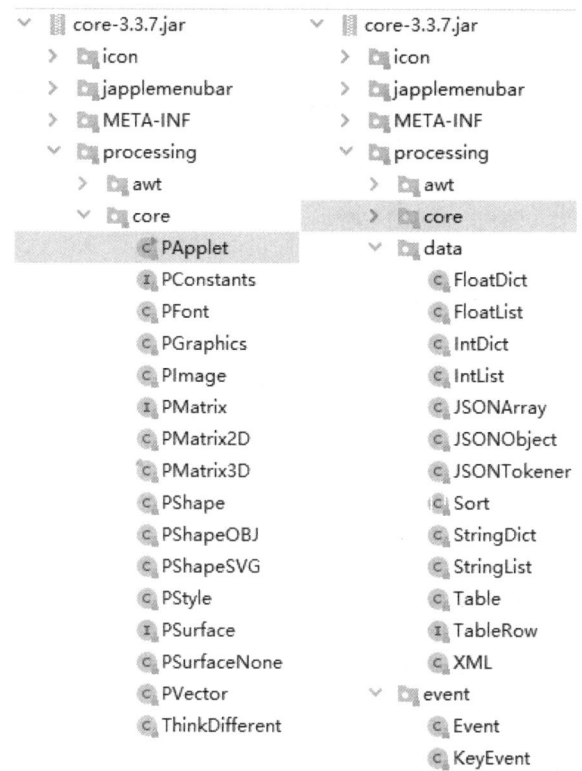

图 2-2 类和接口

在编程时如果要使用 PApplet 类，那么需要使用 import 关键字导入 PApplet 类；如果要使用 Event 类，同样需要使用 import 关键字导入 Event 类。代码如下：

```
1.   import processing.core.PApplet;
2.   import processing.event.Event;
```

【任务实施】

实操步骤 1　下载 Process 的 jar 包

可以通过搜索引擎找到 Maven 中央仓库，下载 Processing 的 jar 包，也可以直接扫描右方二维码下载。

Processing jar 包

> **小提示**
> Maven 中央仓库中有许多的 Java 包，开发中常见的 jar 包几乎都可以在这里下载。

由于 maven 中央仓库服务器访问不稳定，有可能会访问失败，可以访问阿里云的 Maven 仓库下载，如图 2-3 所示。

图 2-3　查询下载 jar 包

实操步骤 2　引入 Processing 的 jar 包

在 Java 工程项目中引入 Processing 的 jar 包，主要有以下两种方法。

1. 方法一

第一步：使用 IDEA 建立 Java 项目，命名为"01-TestProcessing"。单击菜单"File"→"Project Structure"，如图 2-4 所示。

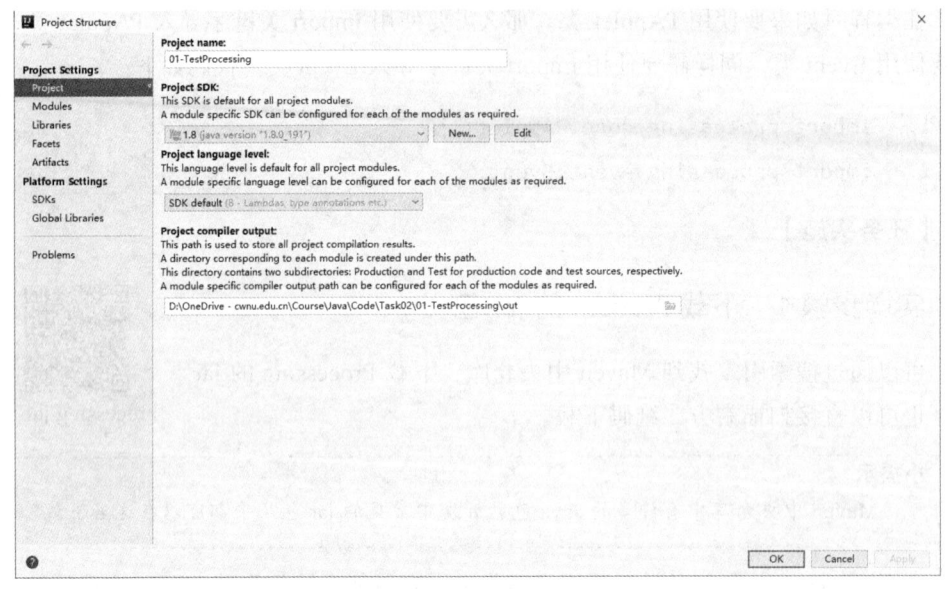

图 2-4　创建项目

第二步：添加 Process 的 jar 包。

在 Project Structure 窗口中，依次点击"Libraries"→"+"，选择"Java"，如图 2-5 所示。选择 Java 后弹出如图 2-6 所示的窗口。

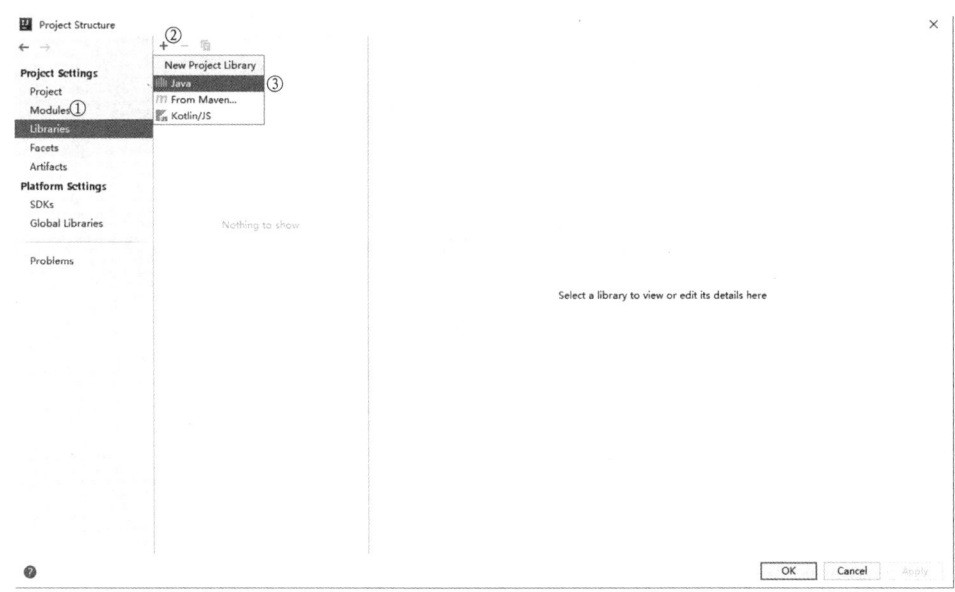

图 2-5 选择 "Java"

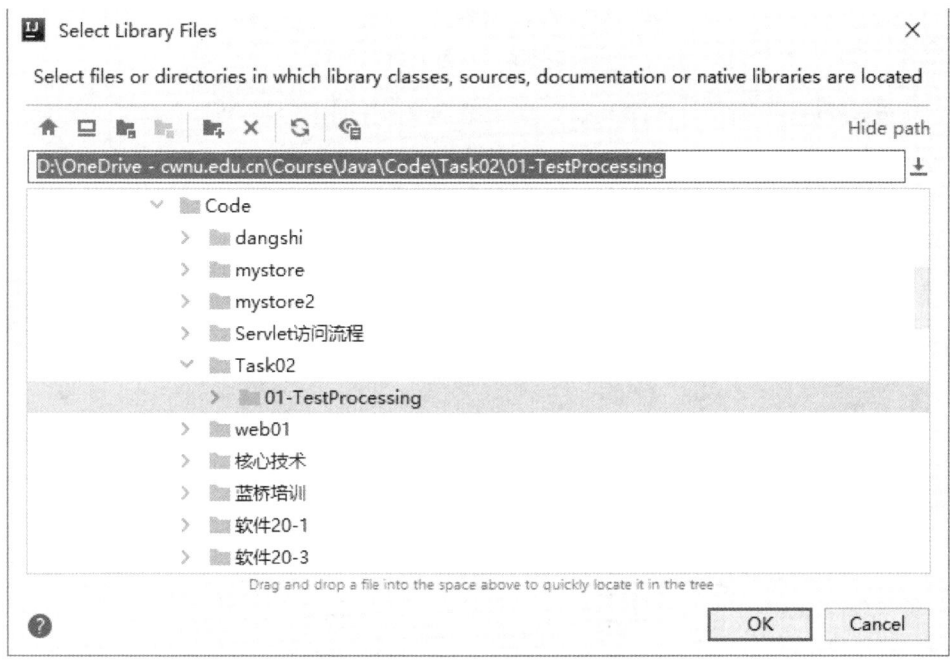

图 2-6 选择文件

定位到 core-3.3.7.jar 所在的目录，选择 "core-3.3.7.jar"，如图 2-7 所示，点击 "OK"，导入选择的 jar 包。导入成功后，可以在项目的 External Libraries 中看到引入的 jar 包，如图 2-8 所示。

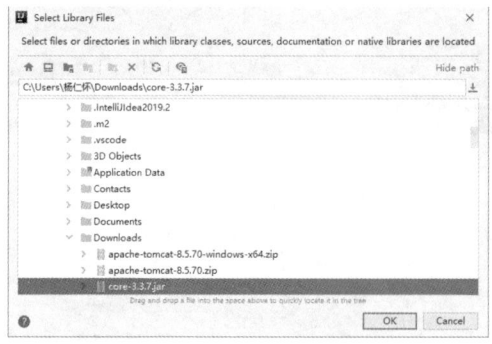

图 2-7　选择"core-3.3.7.jar"

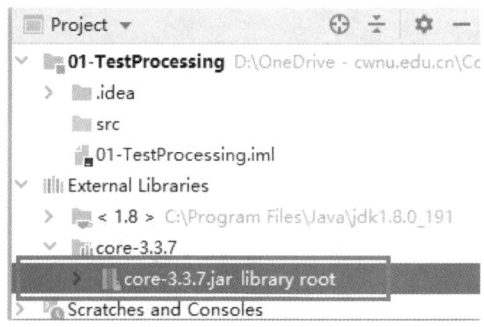

图 2-8　导入成功

> **小提示**
> 导入成功的 Jar 包前有一个小三角，点击小三角可以查看 Jar 包中的资源文件。

2. 方法二

第一步：创建文件夹。

选中 01-TestProcessing 项目的根目录，单击鼠标右键，创建一个名为"lib"的文件夹（文件夹名称可以自定义，但一定是要有意义的名称），如图 2-9 所示。

图 2-9　创建文件夹

第二步：拷贝并引入 jar 包。

定位到下载的 jar 包 core-3.3.7.jar，单击鼠标右键，选择复制，将文件拷贝到剪贴板中。选中 01-TestProcessing 项目中的 lib 文件夹，单击鼠标右键，选择 Paste(Ctrl+V)，将 core-3.3.7.ja 拷贝到 lib 文件夹中，如图 2-10 所示。

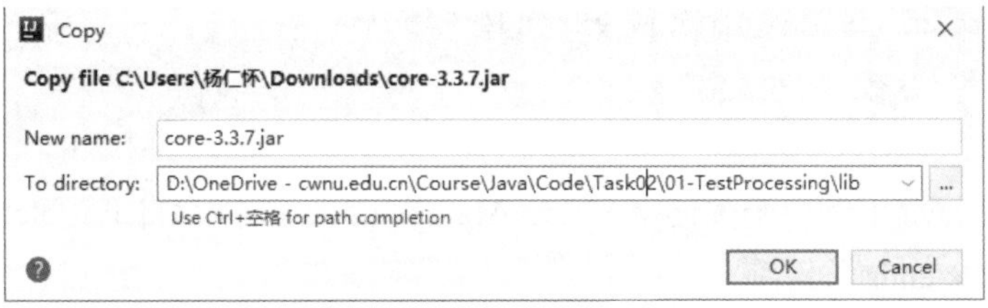

图 2-10　引入 jar 包

选中 lib 文件夹，单击鼠标右键，选中"Add as Library"，点击"OK"完成导入，如图 2-11 所示。

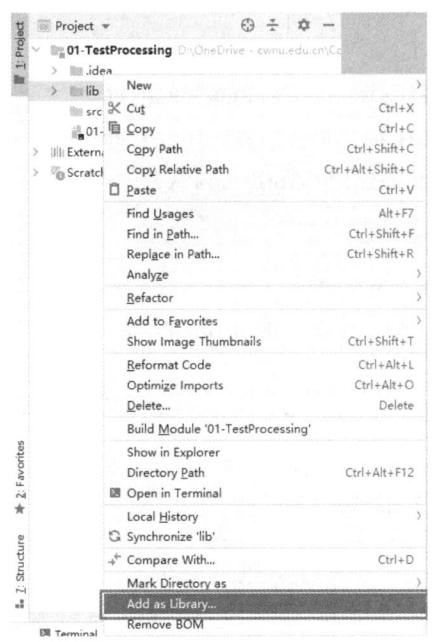

图 2-11　完成导入

实操步骤 3　创建基于 Processing 的应用程序

第一步：创建 MainWindow 类。

选中项目中的 src 文件夹，单击鼠标右键，选择"New"→"Java Class"，创建类 MainWindow，代码如下：

```
1.    public class MainWindow {
2.
3.    }
```

在 MainWindow 的后面加入代码 extends PApplet，同时在类的上方添加代码 import processing.core.PApplet;，代码如下：

```
1.  import processing.core.PApplet;
2.
3.  public class MainWindow extends PApplet {
4.
5.  }
```

extends 是 Java 中的一个关键字，表示 MainWindow 类继承自 PApplet 类，我们会在后续详细介绍 extends 关键字。

第二步：编写 main( )方法。

给 MainWindow 类添加入口 main( )方法，代码如下：

```
1.  // 程序清单 2-1
2.  import processing.core.PApplet;
3.
4.  public class MainWindow extends PApplet {
5.      public static void main(String[] args) {
6.          PApplet.main("MainWindow");
7.      }
8.  }
```

第 6 行代码表示调用 PApplet 类中的 main( )方法，参数"MainWindow"表示启动类 MainWindow。

> **小提示**
> 参数"MainWindow"一定要和类的名字一样，如果将参数写为"mianWindow"，IDEA 就会提示如图 2-12 所示的错误。

```
"C:\Program Files\Java\jdk1.8.0_191\bin\java.exe" ...
java.lang.NoClassDefFoundError: mianWindow (wrong name: MainWindow)
    at java.lang.ClassLoader.defineClass1(Native Method)
    at java.lang.ClassLoader.defineClass(ClassLoader.java:763)
    at java.security.SecureClassLoader.defineClass(SecureClassLoader.java:142)
    at java.net.URLClassLoader.defineClass(URLClassLoader.java:468)
    at java.net.URLClassLoader.access$100(URLClassLoader.java:74)
    at java.net.URLClassLoader$1.run(URLClassLoader.java:369)
    at java.net.URLClassLoader$1.run(URLClassLoader.java:363) <1 internal call>
    at java.net.URLClassLoader.findClass(URLClassLoader.java:362)
    at java.lang.ClassLoader.loadClass(ClassLoader.java:424)
    at sun.misc.Launcher$AppClassLoader.loadClass(Launcher.java:349)
    at java.lang.ClassLoader.loadClass(ClassLoader.java:357)
    at processing.core.PApplet.runSketch(PApplet.java:10690)
    at processing.core.PApplet.main(PApplet.java:10504)
    at processing.core.PApplet.main(PApplet.java:10486)
    at MainWindow.main(MainWindow.java:5)

Process finished with exit code 1
```

图 2-12　运行测试

接下来，进行运行测试。运行 MainWindow 类，可以看到如图 2-13 所示的窗口。

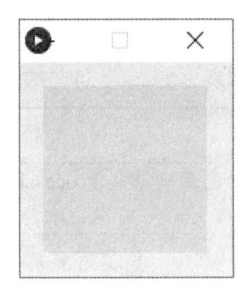

图 2-13　运行测试

第三步：编写 settings( ) 方法。

图 2-13 所示的窗口的高度为 100 个像素，宽度也为 100 个像素。要更改窗口的大小，需要编写 settings( ) 方法，代码如下：

```
1.  // 程序清单 2-2
2.  import processing.core.PApplet;
3.
4.  public class MainWindow extends PApplet {
5.      public void settings(){
6.          size(400,300);
7.      }
8.      public static void main(String[] args) {
9.          PApplet.main("MainWindow");
10.     }
11. }
```

第 6 行代码将窗口高度设置为 300 个像素，宽度设置为 400 个像素。也可以在 settings() 方法中调用 setSize(400,300) 更改窗口大小。运行效果如图 2-14 所示。

图 2-14　运行效果

【评价测试】

完成任务后，请进行自我评价或小组交叉互评，并将结果填入表 2-2 中。

表 2-2　学生评价表

评价指标	评价标准	分值	得分
下载 Processing jar 包	能正确下载 Processing jar 包，注意防范病毒、木马及黑客攻击	10	
在项目中引入 Processing jar 包	能使用方式一引入 jar 包	30	
在项目中引入 Processing jar 包	能使用方式二引入 jar 包	30	
创建基于 Processing 的应用程序	能创建基于 Processing 的应用程序	30	

【拓展提升】

技能进阶 1　使用 jar 包的优势

在项目中使用 jar 包具有许多的优势：

代码重用：在项目中引入 jar 包后，可以直接在代码中使用 jar 包中的类和接口等资源，可以避免代码的重复编写，提高开发效率。

效率高：jar 包中通常都有多个类文件、元数据以及各种资源文件。jar 包本质上就是 Zip 压缩文件，可以有效地提高存储效率，减少下载时间。

安全性高：能对 jar 包进行数字化签名，能够检测到 jar 包中代码是否被篡改过，从而提高安全性。

可移植性高：jar 包可以在不同的操作系统中使用，真正做到了跨平台。

包版本控制：jar 包中可以包含厂商和版本信息等，方便用户使用不同版本的 jar 包。

技能进阶 2　导入类的其他方法

在任务实施中用到了 PApplet 类，我们使用了 import 关键字来导入。其实还有一种导入类的方式，虽然不常用，但是有必要了解一下，具体代码如下：

```
1.  public class MainWindow extends processing.core.PApplet {
2.
3.  }
```

在第 1 行代码中使用了 PApplet，用的是 PApplet 类的全路径。凡是需要用到 PApplet 类的地方都需要加上前缀 processing.core，这种方式显然是比较烦琐的，所以企业开发中通常使用 import 关键字导入需要的类。

如果我们在代码中需要用到 Java 类的 Random 和 Date 类，就需要在代码的顶端导入这两个类，代码如下：

```
1.  import java.util.Date;
2.  import java.util.Random;
```

如果导入的类比较多，上面的代码会比较烦琐，可以使用语句 import java.util.*;将 java.util 中所有的类导入，简化代码。

任务 2　构建 Java 知识竞赛游戏主界面

【需求分析】

本次任务要求大家在 IDEA 中创建项目，构建 Java 知识竞赛游戏主界面，如图 2-15 所示。

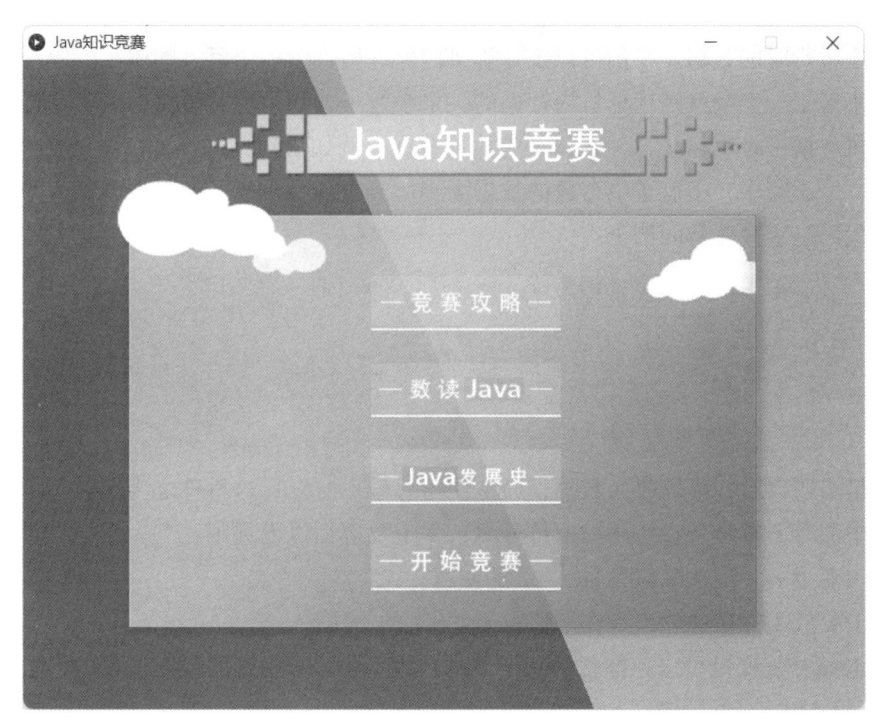

图 2-15　主界面

【学习目标】

（1）能描述 Processing 程序的基本结构；
（2）能描述 Java 中的数据类型；
（3）能定义变量，并在变量中保存数据；
（4）能解释 Java 中的坐标体系和数学中的坐标体系；
（5）能根据需求选择合适的数据类型存储数据；
（6）能加载磁盘上的图片并显示在窗口中的指定位置；
（7）能使用程序代码修改图片大小；
（8）能根据企业实际开发要求对变量命名，养成良好、规范的程序编码习惯。

【职业证书对接】

表2-3　大数据应用开发（Java）职业技能等级要求（初级）

工作任务	职业技能要求
面向过程代码编写	能运用 Java 数据类型和运算符完成简单运算

【相关知识】

扫码加入课程。

配套 MOOC 资源

知识点1　变量

在计算机中，程序运行时的数据都是保存在内存中的。在编程时，可以定义变量来保存程序运行时的数据。我们可以把计算机内存理解称为一个巨大的屋子，屋子里面有许多的小篮子，变量就是计算机内存中的一个小篮子，如果你需要保存变量，首先需要向计算机申请一个小篮子，并在篮子中放入数据。例如语句：int radius=10;表示向计算机要了一个小篮子，小篮子中存放的数据为 10，radius 是小篮子的名称，称为变量名。下面的代码是定义变量的例子：

```
1.  int i=0;         // 变量名为 i
2.  int x=200;       // 变量名为 x
3.  int y=200;
4.  double radius=10.2;
```

变量声明以后，可以放入数据，通常使用等号（"="），这里称之为赋值符号，并不是数学中的等于符号。在使用赋值符号时，一定要遵循以下规则：

（1）变量名一定在赋值符号（=）的左边；

（2）要放入变量的值出现在赋值符号（=）的右边。

在 Java 中，变量可以存储任何想记录的数据。经常会用到的数据包含但不限于以下内容：

（1）数字；

（2）单词、姓名或其他文本；

（3）列表；

（4）图片、视频、音频。

仔细阅读表2-4，选择合适的数据类型存放给定的信息。

表2-4　根据需要选择数据类型

信息	数据类型					
	□数字	□文本	□列表	□图片	□视频	□音频
姓名	□数字	□文本	□列表	□图片	□视频	□音频
年龄	□数字	□文本	□列表	□图片	□视频	□音频

续表

信息	数据类型					
家庭地址	□数字	□文本	□列表	□图片	□视频	□音频
考试成绩	□数字	□文本	□列表	□图片	□视频	□音频
证件照	□数字	□文本	□列表	□图片	□视频	□音频
多个同学的证件照	□数字	□文本	□列表	□图片	□视频	□音频

变量中存储的数据是可以修改的。

```
1.  int age=20;
2.  System.out.println(age);//将 age 中的数据输出到控制台
3.
4.  //修改变量中保存的数据
5.  age=30;
6.  System.out.println(age);
```

知识点 2 变量的命名规则

在 Java 中，给变量取名字要遵循一定的规则：
（1）可以由中文、字母（大写字母和小写字母）、下划线、$符号和数字组成；
（2）不能以数字开头；
（3）不能与关键字重名；
（4）大写字母和小写字母是不同的。

只要遵循以上 4 个规则，可以给变量取任意的名称，但不建议这样做。更好的做法是遵循变量命名的约定（不是规定），因为好的变量名称能帮助程序员阅读并理解代码。变量命名的约定如下：

（1）变量名使用有意义的英文单词。

（2）当变量名由两个或多个单词组成时，使用小驼峰式命名规则。小驼峰命名规则是指：如果变量名由多个英文单词构成，第一个单词的首字母小写，其他单词的首字母大写。例如：userName、firstName、qqNumber 和 lastName。

（3）Java 程序是由一个个类构成的，类名建议使用大驼峰命名规则（Pascal）。大驼峰命名规则是指：如果变量名由多个英文单词构成，每一个单词的首字母都大写。例如：ArrayList、Random。

表 2-5 是 Java 中的关键字和保留字。关键字是指单词被 Java 系统所使用，有特殊的含义，在编程的时候，不能用来作为变量名。保留字是指单词目前没有被 Java 系统使用，未来有可能会作为关键字，同样不能用来作为变量名。

表 2-5 Java 中的关键字和保留字

关键字/保留字	含义	关键字/保留字	含义
abstract	表明类或者成员方法具有抽象属性	assert	用来调试程序
boolean	基本数据类型之一，布尔类型	break	跳出块
byte	基本数据类型之一，字节类型	case	用在 switch 语句之中，表示其中的一个分支
catch	用在异常处理中，用来捕捉异常	char	基本数据类型之一，字符类型
class	类	const	保留字
continue	回到一个块的开始处	default	用在 switch 语句中，表明一个默认的分支
do	用在 do-while 循环结构中	double	基本数据类型之一，双精度浮点数类型
else	用在条件语句中，表明当条件不成立时的分支	enum	枚举
float	基本数据类型之一，单精度浮点数类型	final	表明一个类或方法是最终的
goto	保留字	for	循环结构
implements	表明一个类实现了给定的接口	if	条件语句
instanceof	用来测试一个对象是否是指定类型的实例对象	import	表明要访问指定的类或包
interface	接口	int	基本数据类型之一，整数类型
native	用来声明一个方法是由其他计算机语言实现的	long	基本数据类型之一，长整数类型
package	包	new	用来创建新实例对象
return	从成员方法中返回数据	private	一种访问控制方式：私有
static	表明成员变量或方法具有静态属性	public	一种访问控制方式：公有
super	表示引用父类的构造方法或成员方法	short	基本数据类型之一，短整数类型
synchronized	同步	strictfp	精确浮点。表示所有的浮点数的运算都符合 IEEE-754 规范
throw	抛出一个异常	switch	多分支语句结构
void	成员方法没有返回值	this	当前实例对象的引用
while	循环	throws	定义成员方法中的代码抛出的异常
try	尝试抛出异常的关键字	volatile	表明两个或者多个变量必须同步发生变化
protected	一种访问控制方式：保护模式		

知识点 3　程序的基本语法规范

人们在说话的时候要遵循一定的语法规则，别人才能知道你在说什么。Java 是计算机编程语言，要使用 Java 来告诉计算机该做什么，也要遵循一定的语法规则，计算机才能理解意图。只有掌握了 Java 的语法规则后，才能编写更好的程序让计算机工作。

可以把 Java 中的指令想象成一句话。在中文或英语中，当写完一句话时，会在句末写上一个句号。Java 同样如此，不同的是，Java 使用分号表示一条指令的结束。

例如，我们可以使用变量记录生日和工资，可以使用下面的代码。每条语句独占一行，且以分号结束。

```
1.  String birthday= "2011-06-13";
2.  int salary=5000;
```

当然，也可以写成下面的形式。两条语句在同一行，中间用分号分隔。计算机也会正确理解到这是两条语句，但是不便于程序员阅读，这样的程序可读性较差。因此，在 Java 中，一条语句独占一行，以分号结束。如果语句太长，使用回车换行即可。

```
1.  String birthday='2011-06-13';  int salary=5000;
```

如果 Java 语句没有以;号结尾，IDEA 会报错，如图 2-16 所示。

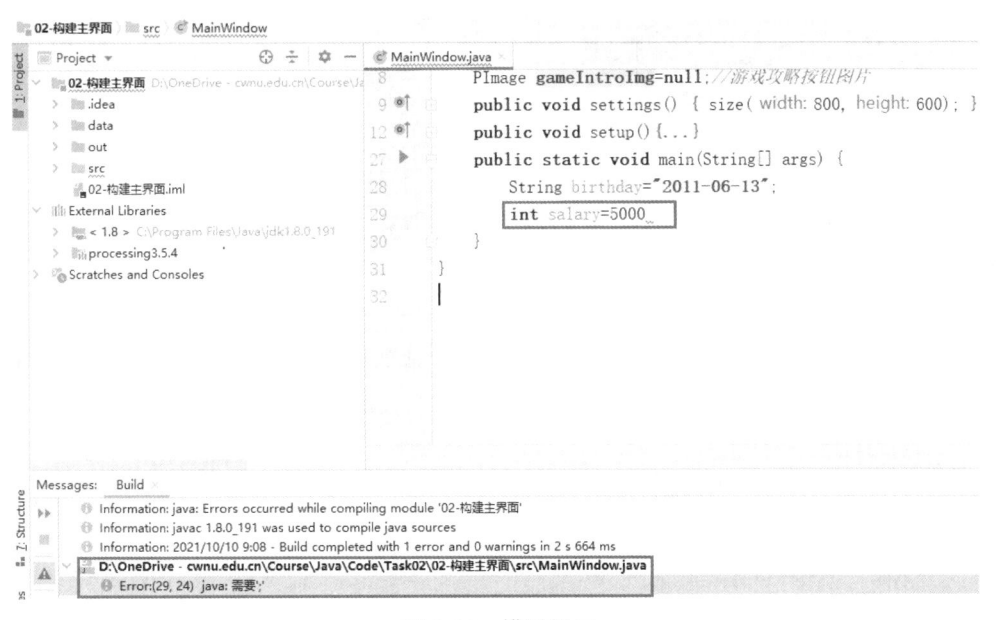

图 2-16　错误提示

> **小提示**
> 在编写 Java 代码时，符号都是英文的符号，如点、小括号、大于、小于、中括号等。
> Java 对代码的检查是非常严格的。如果在编写程序的过程中程序出错（有红色的波浪线），应仔细检查代码。

知识点 4　数据类型

Java 提供了丰富的数据类型，如图 2-17 所示。

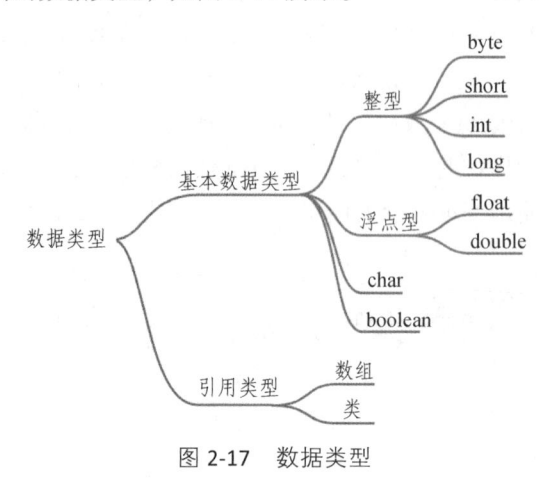

```
                              ┌── byte
                       ┌ 整型 ─┼── short
                       │      ├── int
                       │      └── long
         ┌ 基本数据类型 ┼ 浮点型 ┬── float
数据类型 ─┤              │      └── double
         │              ├ char
         │              └ boolean
         └ 引用类型 ┬── 数组
                    └── 类
```

图 2-17　数据类型

1. 整型

整型用于表示整数，包括正数和负数。byte、short、int 和 long 都表示整数，但它们占用的存储空间不同，能存储的数据范围也不同。具体如表 2-6 所示。

表 2-6　整　型

类型	占用空间	数据的范围
byte	1 字节	$-128 \sim +127$
short	2 字节	$-32\,768 \sim +32\,767$
int	4 字节	$-2\,147\,483\,648 \sim +2\,147\,483\,647$（最大数超过 20 亿）
long	8 字节	$-9\,223\,372\,036\,854\,775\,808 \sim +9\,223\,372\,036\,854\,775\,807$

int 是最常用的类型。如果需要定义变量存储地球上人口的总数，就需要使用 long 型。byte 和 short 用于特定的场合，例如使用二进制读取文件就需要使用 byte。

2. 浮点型

浮点型用于表示小数，也包括正数和负数。float 和 double 都表示浮点数。具体如表 2-7 所示。

表 2-7　浮点型

类型	占用空间	数据的范围
float	4 字节	约 $-3.402\,823\,47 \times 10^{38} \sim 3.402\,823\,47 \times 10^{38}$
double	8 字节	约 $-1.797\,693\,134\,862\,315\,7 \times 10^{308} \sim 1.797\,693\,134\,862\,315\,7 \times 10^{38}$

double 类型的精度是 float 类型的两倍（有时也称 double 为双精度浮点数）。绝大部分情况下，都使用 double 存储浮点数。因为很多情况下，float 类型的精度难以满足需求。float 类型的有效小数位数为 6 ~ 7 位，double 类型的有效小数位数为 15 位。

3. char

char 类型是用来存储单个字符的。用法如下：

```
1.    char c1='a';
2.    char c2='A';
3.    char c3='#';
```

赋值符号右边的字面量要使用英文的单引号括起来。需要注意的是，单引号中间只能给一个字符，另外，'a' 和 "a" 是不同的，双引号括起来的是字符串。字符串的相关知识将在模块 3 任务 6 中详细介绍。

4. boolean

boolean 类型有两个值：true 和 false。它通常用在条件测试中。

5. 引用类型

所有的类、接口和数组都是引用类型，将在后面详细介绍。在本次任务中要用到的类 PImage 就是引用类型，PImage 类是 Processing jar 包中聚合的类，使用之前要使用 import 关键字导入类。请在下面的方框中写出导入 PImage 类的代码。

知识点 5　注释

1. 单行注释

注释后便能使用自然语言在程序中添加说明。在大多数编程语言中，注释都是一项很有用的功能。随着程序越来越大、越来越复杂，更应该在程序中添加说明，以便对解决问题的方法进行阐述。

在 Java 中，注释用双斜杠（//）标识。在同一行上，//后面的内容都会被 Java 编译器忽略，因此//被称为单行注释，如下所示。Java 编译器将忽略第 1 行，只执行第 2 行。

```
1.    //定义变量
2.    int cats=10;
```

编写注释的主要目的是阐述代码要做什么，以及是如何做的。在开发项目期间，程序员对程序中的每一行代码都了如指掌，但过一段时间后，有些细节可能就不记得了。当然，也可以通过研究代码来确定各个部分的工作原理，但是通过编写注释，以清晰的自然语言对解决方案进行概述，可以节省很多时间。

当前，大多数软件都是团队成员之间合作编写的，要与其他程序员合作，就必须编写有意义的注释。作为新手，最值得养成的习惯之一，就是在代码中编写清晰、简洁的注释。另外，规范的变量名称可以减少程序的注释。

2. 多行注释

Java 中的多行注释和 C 语言中的多行注释是一样的。以 /* 开头，*/ 结尾。

```
1.  /*
2.  这是第一行注释
3.  这是第二行注释
4.  */
5.  int cats=10;
```

3. 文档注释

文档注释一般用在类和方法上，如程序清单 2-3 所示。

```
1.  //程序清单 2-3
2.  /**
3.   * 这是文档注释，文档注释一般用在两个地方
4.   * 1）类说明
5.   * 2）方法说明
6.   */
7.  public class Program {
8.      public static void main(String[] args) {
9.          f1();
10.         f2(2,3);
11.         f3(3);
12.     }
13.
14.     /**
15.      * 这是 f1 方法的文档注释
16.      */
17.     public static void f1(){
18.
19.     }
20.
21.     /**
```

```
22.      * 这是 f2 的说明
23.      * @param x 这是对参数 x 的说明
24.      * @param y 这是对参数 y 的说明
25.      */
26.     public static void f2(int x,int y){
27.
28.     }
29.
30.     /**
31.      * 这是对 f3 的说明
32.      * @param x 这是对参数 x 的说明
33.      * @return 这里是返回值的说明
34.      */
35.     public   static int f3(int x){
36.         return 0;
37.     }
38. }
```

知识点 6　坐标系

Java 中的坐标系与数学中的直角坐标系不同。直角坐标系的坐标原点（0，0）位于坐标系中央，y 轴正半轴朝上，x 轴正半轴朝右，如图 2-18（a）所示。而 Java 中的坐标系原点（0，0）在最左上角，原点右侧为 x 轴正半轴，原点下侧为 y 轴正半轴，如图 2-18（b）所示。

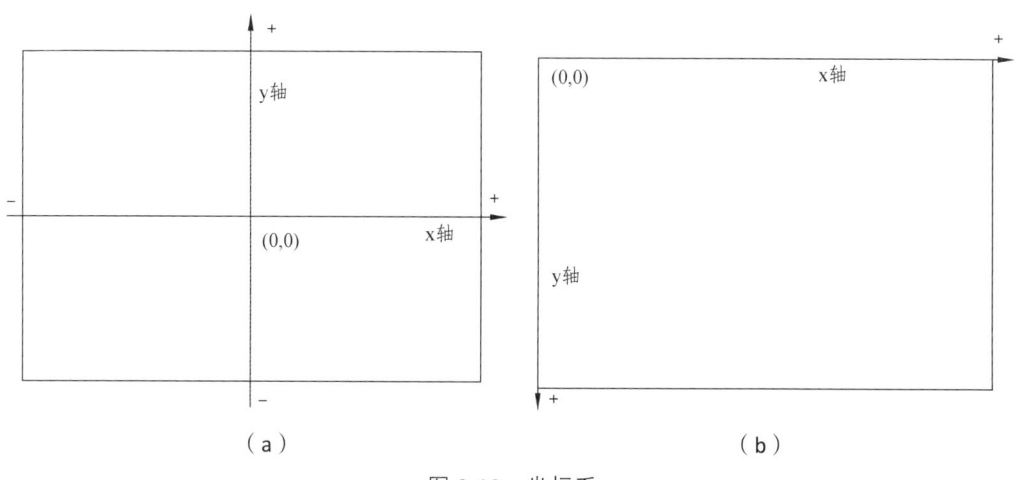

图 2-18　坐标系

知识点 7　图片

在 Processing 中，使用类 PImage 表示图片，要使用 PImage 类需要先使用 import 关键字导入类。下面的代码演示了从磁盘上读取图片并显示。

```
1.  //程序清单 2-4
2.  import processing.core.PApplet;
3.  import processing.core.PImage;//导入 PImage 类
4.
5.  public class Demo01 extends PApplet {
6.      private PImage img;
7.      public void settings(){
8.          size(800,600);
9.      }
10.     public void setup(){
11.         img=loadImage("img1.png");//加载 img1.png
12.         image(img,0,0);//在窗口(0,0)位置显示图片
13.     }
14.     public void draw(){
15.
16.     }
17.     public static void main(String[] args) {
18.         PApplet.main("Demo01");//启动 Demo01 类
19.     }
20. }
```

基于 Processing 创建的类一般有 3 个主要的方法：settings( )、setup( )和 draw( )方法。系统会先调用 setting( )方法，然后调用 setup( )方法，最后重复不断地调用 draw( )方法，执行流程如图 2-19 所示。

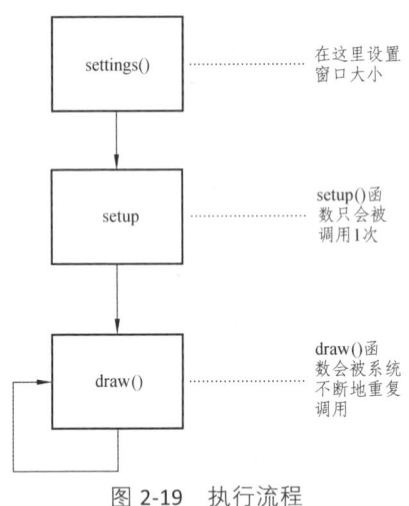

settings() ·········· 在这里设置窗口大小

setup ·········· setup()函数只会被调用1次

draw() ·········· draw()函数会被系统不断地重复调用

图 2-19　执行流程

在程序清单 2-4 中，第 2 行代码导入了 PApplet 类，第 3 行代码导入了 PImage 类。

第 6 行代码定义了变量 img，类型是 PImage，用来存放一张图片。第 11 行代码使用 loadImage( )方法读取磁盘上的"img1.png"图片。loadImage( )方法是类 PApplet 提供的，其方法原型是：PImage loadImage(String filename)，filename 为要加载图片的路径，调用方法后返回一张图片。这里只给了图片的名字，意味着图片在项目根目录的 data 文件夹中。因此，需要建立名为"data"的文件夹，并将"img1.png"图片放入其中，否则程序会提示如图 2-20 所示的错误。

```
The file "img1.png" is missing or inaccessible, make sure the URL is valid or that the file has been added to your sketch and is readable.
java.lang.NullPointerException Create breakpoint
    at processing.core.PGraphics.image(PGraphics.java:3814)
    at processing.core.PApplet.image(PApplet.java:12813)
    at Demo01.setup(Demo01.java:11)
    at processing.core.PApplet.handleDraw(PApplet.java:2432)
    at processing.awt.PSurfaceAWT$12.callDraw(PSurfaceAWT.java:1547)
    at processing.core.PSurfaceNone$AnimationThread.run(PSurfaceNone.java:313)
```

图 2-20　提示错误

从磁盘上加载图片，只需要执行一次，因此加载图片的代码需要编写在 setup( )方法中。注意：不要编写在 settings( )方法中，setting( )方法中只编写设置窗口大小的代码。

第 17～19 行代码是类的 main( )方法，程序运行时，首先从这里开始执行。第 18 行代码表示启动类 Demo01。

【任务实施】

扫描下方的二维码下载背景图片和 Java 知识竞赛标题图片。

背景图片　　Java 知识竞赛标题图片

实操步骤 1　分析——设置主界面的高度和宽度

根据图 2-15 可知，游戏窗口需要显示背景图片，背景图片大小为 800×600，因此需要在程序中定义变量，将磁盘上的图片载入内存放在变量中，并将图片显示在窗口中。

由于图片大小为 800×600，因此窗口大小也是 800×600。在_____函数中编写代码调用函数_____将窗口大小改变为 800×600。

实操步骤 2　设计——原型界面设计

如何设计 Java 知识竞赛游戏主界面呢？Java 知识竞赛游戏主界面有两张图片，一张为背景图片，一张为 Java 知识竞赛标题图片，原型设计如图 2-21 所示。

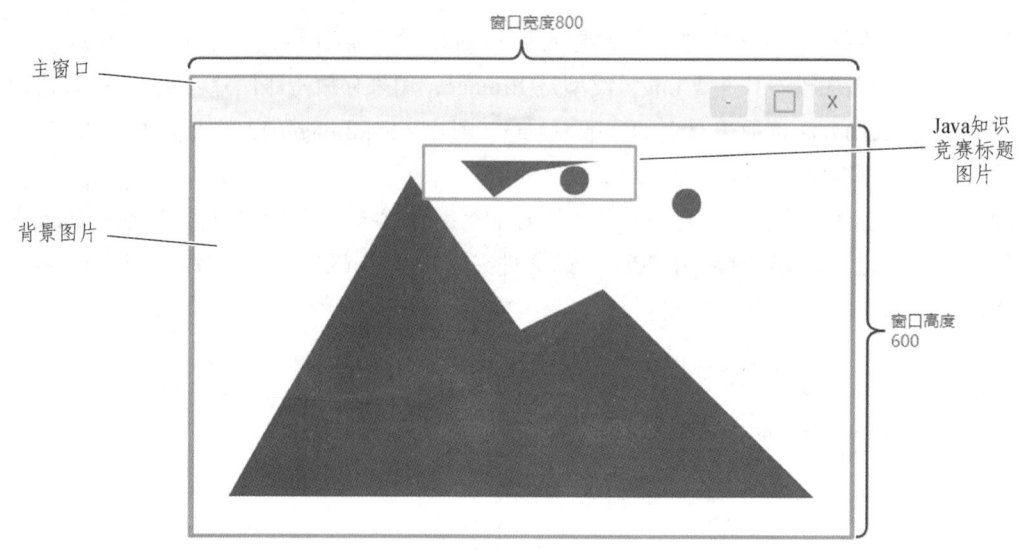

图 2-21 原型界面

实操步骤 3　编码实现——创建游戏窗口类

新建游戏窗口类名为 MainWindow，继承自_____类，窗口大小 800×600。MainWindow 类是程序入口类，请写出定义 MainWindow 类的代码。MainWindow 类中应该有 settings( )、setup( )和 draw( )方法。

实操步骤 4　编码实现——定义变量保存背景图片

在 Processing 中类 PImage 表示图片，我们需要创建变量来保存背景图片和 Java 知识竞赛标题图片。在 MainWindow 类中创建变量 bgImg 保存背景图片，变量 titleImg 保存窗口中间的 Java 知识竞赛标题图片。请写出定义变量的代码。

实操步骤 5　编码实现——确定背景图片的物理路径

基于 Processing 创建的程序，默认将外部资源都放在项目根目录下的 data 文件夹中。因此，需先创建 data 文件夹，将背景图片和 Java 知识竞赛标题图片拷贝到 data 文件夹中。

实操步骤 6　编码实现——从磁盘上加载背景图片

背景图片只需要被加载一次，因此加载图片的代码要编写在 setup( )方法中。请写出加载图片的代码。

实操步骤 7　编码实现——显示背景图片

在窗口中显示图片需要调用 image(PImage img, float a, float b)方法。参数 img 是要显示的图片，参数 a 和 b 是图片最左上角在窗口中的坐标。

窗口大小为 800×600，背景图片大小也为 800×600，图片最左上角在窗口中的坐标为（0,0）。

在本次任务中，背景图片只需要显示一次即可，并不需要重复显示图片，因此显示图片的代码编写在 setup( )方法中即可。setup( )方法代码修改如下：

实操步骤 8　编码实现——显示 Java 知识竞赛标题图片

请参照图 2-21 所示的原型设计界面，确定图片在游戏窗口中的位置，在方法中编写代码显示 Java 知识竞赛标题图片。

实操步骤 9 编码实现——给程序代码添加注释

请在适合的地方给程序代码添加文档注释、单行注释或多行注释。

【评价测试】

完成任务后，请进行自我评价或小组交叉互评，并将结果填入表 2-8 中。

表 2-8 学生评价表

评价指标	评价标准	分值	得分
根据需求选择数据类型	能根据实际需求选择存储背景图片和 Java 知识竞赛标题图片的数据类型	10	
定义变量	能正确定义变量存储背景图片和 Java 知识竞赛标题图片	20	
加载图片	能将图片拷贝到项目文件夹中，并能正确加载保存在变量中	30	
显示图片	能在窗口中正确的位置显示背景图片和 Java 知识竞赛标题图片	30	
添加注释	能在适合的地方给程序代码添加文档注释、单行注释或多行注释	10	

【拓展提升】

技能进阶 1 确定图片的显示顺序

可以尝试调整显示背景图片和 Java 知识竞赛标题图片代码的先后顺序，看看会发生什么情况？请试着解释发生变化的原因，并在下面的方框中写下你的答案。

技能进阶 2 确定图片在窗体上的坐标

背景图片在窗体上显示的坐标是（0，0），请尝试将坐标修为小于 0 的负数，看看会发生什么情况？请试着解释发生变化的原因，并在下面的方框中写下你的答案。

任务 3　在主界面上添加图形按钮

【需求分析】

在任务 2 的基础上，在窗口中添加 4 个图片按钮，4 个图片按钮水平居中、纵向排列，如图 2-22 所示。

图 2-22　添加按钮

【学习目标】

（1）能熟练运用算术运算符；
（2）能熟练运用复合算术运算符；
（3）能熟练运用自增和自减运算符；
（4）能根据实际需求选择合适的运算符；
（5）能利用简单的运算符组合构成较复杂的表达式解决实际计算问题。

【职业证书对接】

表 2-9　大数据应用开发（Java）职业技能等级要求（初级）

工作任务	职业技能要求
面向过程代码编写	能运用 Java 数据类型和运算符完成简单运算

【相关知识】

扫码加入课程。

配套 MOOC 资源

知识点 1　算术运算符

和 C 语言一样，Java 中的算术运算符主要有+、-、*、/和%，分别表示加、减、乘、除和取余操作。示例代码如下：

```
1.  // 程序清单 2-5
2.  int a,b;
3.  a=10;
4.  b=3;
5.  System.out.println(a+b);    //在控制台打印 a+b 的和
6.  System.out.println(a-b);    //在控制台打印 a-b 的差
7.  System.out.println(a*b);    //在控制台打印 a*b 的积
8.  System.out.println(a/b);    //在控制台打印 a/b 的商
9.  System.out.println(a%b);    //在控制台打印 a/b 的余数
```

对于/运算符，当参与运算的两个操作数都是整数时，得到的结果是整数，如果有一个操作数是浮点数，得到的结果是浮点数。整数除 0，将会产生一个异常，浮点数除 0 得到无穷大或 NaN。%的操作数只能是整数。

知识点 2　复合算术运算符

可以将赋值运算符和算术运算符结合使用，这是一种简便写法。例如：

```
1.  a+=4;
2.  a=a+4;//这两条语句是等价的
```

其他的算术运算符也可以和赋值符号结合使用，写法为：*=、-=、/=和%=。

知识点 3　自增与自减运算符

在 Java 中借鉴了 C 语言的做法，提供了自增（++）和自减（--）运算符。例如：

```
1.  int a=10;
2.  a++;//表示将 a 增加 1
3.  ++a;//也表示将 a 增加 1
4.  a--;//表示将 a 减少 1
5.  --a;//也表示 a 减少 1
```

上面的代码中，++和--运算符不管是在操作符的前面还是后面，含义都是一样的。但是如果使用在表达式中，含义就会不一样。例如：

```
1.  // 程序清单 2-6
2.  int a=10;
3.  int b=a++;//后置运算，表示先将 a 赋值给 b，a 再增加 1
4.  System.out.println(a);//输出 11
5.  System.out.println(b);//输出 10
6.
7.  a=10;
8.  b=++a;//前置运算，表示先将 a 增加 1，再赋给 b
9.  System.out.println(a);//输出 11
10. System.out.println(b);//输出 11
```

建议不要在表达式中使用连续的++或--，这样的代码可读性不高，容易带来 Bug（程序错误）。

【任务实施】

扫描下方二维码下载"竞赛攻略""数读 Java""Java 发展史""开始竞赛"按钮图片。

竞赛攻略　　数读 Java　　Java 发展史　　开始竞赛

实操步骤 1　分析设计——新增图片按钮

本次任务在任务 2 的基础上，新增了"竞赛攻略""数读 Java""Java 发展史""开始竞赛"4 个图片按钮，因此需要定义 4 个变量来保存它们，见表 2-10。

表 2-10　保存图片按钮的变量名

成员变量	说明
dataImg	存储"数读 Java"图片按钮
startImg	存储"开始竞赛"图片按钮
routeImg	存储"Java 发展史"图片按钮
gameIntroImg	存储"竞赛攻略"图片按钮

请在下面的方框中定义 4 个变量。

实操步骤 2　编码实现——加载图片

将图片拷贝到_____目录中，然后在_____方法中使用_____方法加载图片，分别保存在 4 个变量中。请在下面的方框中写出加载图片的代码。

```
```

实操步骤 3　编码实现——计算竞赛攻略图片按钮的位置

定义整型变量 x 和 y。y 的初始值为 200，使用方法 image(PImage img,float a,float b) 将竞赛攻略图片按钮显示在 x,y 指定的位置。

x 的值应该是多少呢？游戏窗口宽度为 800，竞赛攻略图片的宽度为 170，高度为 50，图片水平居中。请写出计算坐标 x 的表达式：_____。

请在下面的方框中写出显示"竞赛攻略"图片按钮的代码。

```
```

实操步骤 4　编码实现——纵向显示图片按钮

4 个图片按钮在水平方向的位置是相同的，因此 x 的值不变，改变变量 y 的值（将变量增加 80，图片高度为 50，每张图片间隔 30），将"数读 Java""Java 发展史""开始竞赛"按钮图片依次显示在窗口中。请在下边的方框中填写代码。

```
```

【评价测试】

完成任务后,请进行自我评价或小组交叉互评,并将结果填入表 2-11 中。

表 2-11 学生评价表

评价指标	评价标准	分值	得分
定义 4 个变量保存图片按钮	能正确定义 4 个变量,保存图片按钮	10	
加载图片	能将图片拷贝到项目文件夹中,并能正确加载到变量中	20	
计算 x 坐标	能编写正确的表达式计算图片按钮的 x 坐标	30	
计算 y 坐标	能编写正确的表达式计算图片按钮的 y 坐标	20	
显示图片	能在正确的位置纵向显示"开始竞赛""数读 Java""Java 发展史""开始竞赛"按钮图片	20	

【拓展提升】

技能进阶 1　使用括号改变运算符优先级

和数学中的运算符一样,*、/ 和%的优先级是高于+和-的,优先级相同的运算符按从左到右的顺序依次运算。可以使用括号改变运算符的优先级。

```
1.  int a=5;
2.  int b=10;
3.  int c=5;
4.  int r1=a*b/2+c;//先计算 a*b,再用 a*b 的积除以 2,最后再加上 c
5.  int r2=a*(b+c);//先计算 b+c
```

技能进阶 2　强制类型转换

在任务实施中,运算符两端的数据都是整型。有些时候,运算符两端的数据类型不同,这就需要转换数据的类型。例如:

```
1.  double a;
2.  a=Math.random()*10;
```

Math.random( )产生一个 0～1.0 的随机数(包括 0,但是不包括 1.0),因此 a 的值就是 0～10.0 的随机数。下面的代码期望产生 0～10 的整型随机数:

```
1.  int a;
2.  a=Math.random()*10;
```

这段代码会报错。由于 Math.random( )返回的值是 double 类型,因此 Math.random( )*10 得到的是 double 类型,将 double 类型的值赋给 int 类型,就会报错,因为编辑器不能自动将 double 类型转为 int 类型。编译器自动转换总的原则是，小范围数据类型可以自动转换为大范围数据类型，如图 2-23 所示。

```
byte → short → int → long → float → double
                ↑
              char
```

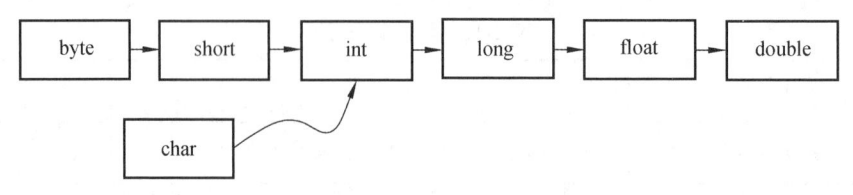

图 2-23　数据类型

char 类型比较特殊，char 可以自动转换为 int、long、float 和 double，但 byte 和 short 不能自动转换为 char，而且 char 也不能自动转换为 byte 或 short。示例代码如下：

```
1.   // 程序清单 2-7
2.   // 声明整数变量
3.   byte num1 = 16;
4.   short num2 = 16;
5.   int num3 = 16;
6.   long num4 = 16L;
7.   // byte 类型转换为 int 类型
8.   num3 = num1;
9.   // 声明 char 变量
10.  char ch1 = 'A';
11.  // char 类型转换为 int 类型
12.  num3 = ch1;
13.  // 声明浮点变量
14.  // long 类型转换为 float 类型
15.  float f1 = num4;
16.  // float 类型转换为 double 类型
17.  double d1 = f1;
18.  //表达式计算后类型是 double
19.  double result = f1 * num3 + d1 / num2;
```

对于编译器不能自动转换的类型，就要使用强制类型转换。例如将 double 转换为 int。

```
1.   double d1=1.23;
2.   int num1=(int)d1; //小括号里面给目标类型，例如 char、short、float 等
```

因此，想要得到 0~10 的整型随机数，需要强制将 double 转换为 int。

```
1.   int a;
2.   a=(int)(Math.random()*10);
```

请大家思考一下为什么要在 Math.random( )*10 的两端加上一对括号，如果没有括

号，a 的值会是多少？

强制类型转换有可能丢失数据。请思考表达式 byte b= (byte)256 执行后，b 的值是多少？请在下面的方框中填上你的答案，并说明原因。

任务 4　给按钮添加鼠标响应

【需求分析】

本次任务要求大家在任务 3 的基础上实现对按钮图片的响应，当鼠标移动到按钮上时，鼠标指针变成手形，移出按钮后，指针恢复原状。

【学习目标】

（1）能描述块的作用域；
（2）能列举条件语句的使用场景；
（3）能对比关系运算和布尔运算；
（4）能解释获取窗口中鼠标位置的方法；
（5）能根据需求选择合适的条件语句；
（6）能使用块构成复合语句；
（7）能根据实际需求使用关系运算和布尔运算组合编写条件；
（8）能编写程序在窗体中的特定位置改变鼠标指针形状。

【职业证书对接】

表 2-12　大数据应用开发（Java）职业技能等级要求（初级）

工作任务	职业技能要求
面向过程代码编写	能熟练运用分支、循环等流程控制完成较复杂程序设计

【相关知识】

扫码加入课程。

配套 MOOC 资源

知识点 1　块作用域

在进一步学习之前，需要了解块的概念。

块，也叫复合语句，是指由一对大括号括起来的若干条简单的 Java 语句。一个块可以嵌套在另一个块中。图 2-24 所示的代码就是块嵌套的一个示例。

```
public class MainWindow extends PApplet {
    PImage bgImg=null;//游戏背景图片
    PImage dataImg=null;//数读Java按钮图片
    PImage titleImg=null;//标题图片
    PImage startImg=null;//开始竞赛按钮图片
    PImage routeImg=null;//Java发展史按钮图片
    PImage gameIntroImg=null;//竞赛攻略按钮图片
    public void settings() { size( width: 800, height: 600); }
    public void setup(){
        surface.setTitle("Java知识竞赛");
        bgImg=loadImage( filename: "主界面背景.png");

        startImg=loadImage( filename: "开始竞赛按钮.png");
        routeImg=loadImage( filename: "Java发展史按钮.png");
        gameIntroImg=loadImage( filename: "竞赛攻略按钮.png");
        titleImg=loadImage( filename: "标题.png");
        dataImg=loadImage( filename: "数读Java按钮.png");

        routeImg.resize( w: 180, h: 0);
        startImg.resize( w: 180, h: 0);
        gameIntroImg.resize( w: 180, h: 0);
        dataImg.resize( w: 180, h: 0);

        image(bgImg, a: 0, b: 0);//显示背景图片
        image(titleImg, a: 180, b: 50);
    }
    public static void main(String[] args) {
        PApplet.main( mainClass: "MainWindow");
    }
}
```

图 2-24　块嵌套

不能在嵌套的两个块中声明相同的变量名。例如，下面的代码无法通过编译。

```
1.  public static void main(String[] args) {
2.      int n;
3.      ...
4.      {
5.          int m;
6.          int n; //错误，重复定义变量 n
7.      }
8.  }
```

知识点 2　条件语句

在 Java 中，条件语句的语法为：if(condition) statement。这里的条件必须用小括号括起来。当 statement 为多条语句时，应使用块语句的形式，如：

```
if(condition){
    statement1;
    statement2;
}
```

在 Java 中,最常见的条件语句的语法是:

```
if(condition)
    statement1
else
    statement2。
```

例如,程序清单 2-8 的代码演示了使用条件语句求两个数的最大值。

```
1.   // 程序清单 2-8
2.   int max=0;
3.   int a=100;
4.   int b=10;
5.   if(a>b){
6.       max=a;
7.   }
8.   else{
9.       max=b;
10.  }
```

执行流程如图 2-25 所示。

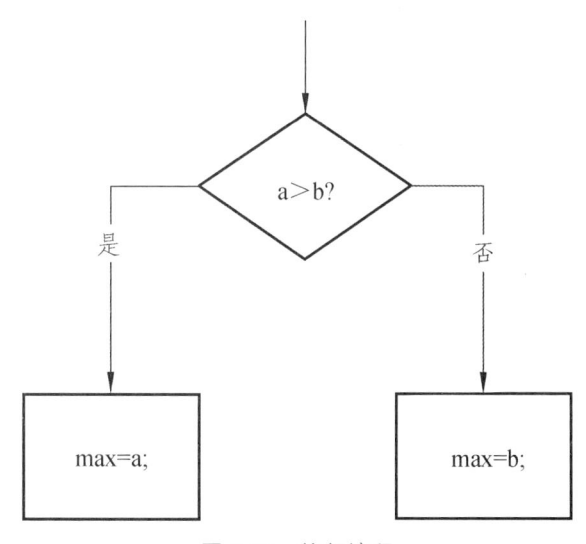

图 2-25　执行流程

在条件语句中,如果是双分支选择语句,else 子句总是与它之前最近的 if 构成一组。还有一种很常见的 if…else…if 结构,通常用来表示多分支选择,语法格式如下:

```
if(condition1){
   statement1;
   statement2;
}
else if(condition2){
   statement3;
   statement4;
}
else if(condition3){
   ⋮
}
   ⋮
else{
   statement 5;
   statement 6;
}
```

程序清单 2-9 演示了使用多分支选择语句计算成绩的等级。

```
1.  // 程序清单 2-9
2.  String grade="";
3.  int score=90;
4.  if(score>=90){
5.      grade="优秀";
6.  }
7.  else if(score>=75){
8.      grade="良好";
9.  }
10. else if(score>=60){
11.     grade="及格";
12. }
13. else if(score>=0){
14.     grade="不及格";
15. }
```

执行流程如图 2-26 所示。

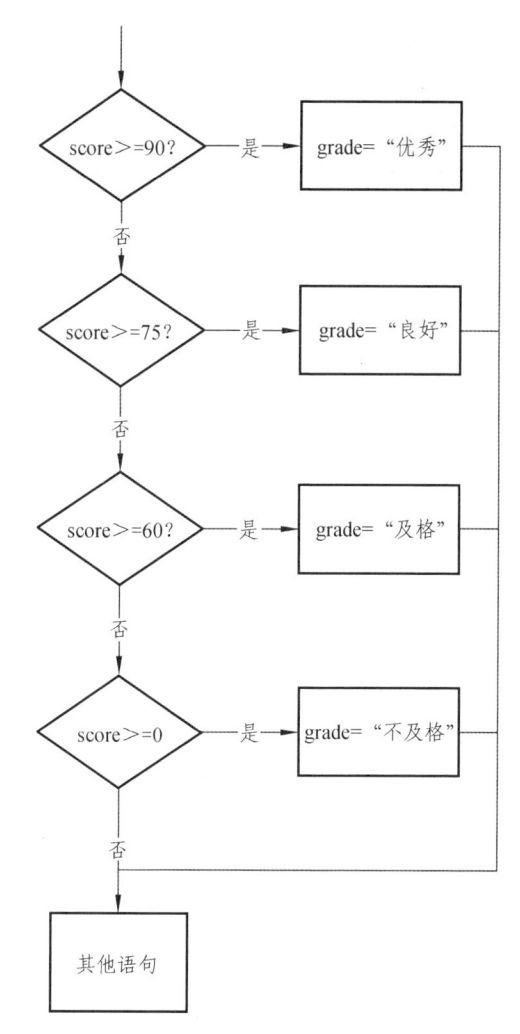

图 2-26　执行流程

知识点 3　关系运算

条件语句中的 condition 为能返回 true 或 false 的表达式，通常由关系表达式和布尔表达式构成。

关系表达式中使用关系运算符，需要强调的是：要检测相等性，使用两个等号==，检测不相等则使用!=。例如：

```
1.    int a=4;
2.    int b=5;
3.    System.out.println(a==b);//a==b 返回 false
4.    System.out.println(a!=b);//a!=b 返回 true
```

经常使用的关系运算符还有<（小于）、>（大于）、<=（小于等于）、>=（大于等于），这些关系运算符运算的结果也是 true 或 false。

> **小提示**
>
> 对于值类型（int、short、long、float、double、boolean 等）的相等性检测使用==，而对于引用类型要使用 equals( ) 方法。

知识点 4　布尔运算

和 C 语言一样，&& 表示逻辑"与"，|| 表示逻辑"或"，! 表示逻辑"非"，见表 2-13。

表 2-13　布尔表达式

表达式	exp1 的值	exp2 的值	表达式的值
exp1&&exp2	true	true	true
	true	false	false
	false	true	false
	false	false	false
exp1||exp2	true	true	true
	true	false	true
	false	true	true
	false	false	false
!exp1	true	-	false
	false	-	true

&& 和 || 是按照短路方式来运算的。在表达式 exp1&&exp2 中，如果 exp1 返回的值为 false，那么结果一定不为 true，就不需要计算 exp2 的值了。在表达式 exp1||exp2 中，如果 exp1 返回 true，那么结果一定为 true，同样不需要计算 exp2 的值了。

知识点 5　鼠标在窗口中的位置

在 Processing 中，系统变量 mouseX 和 mouseY 表示鼠标在窗口中的坐标。在 draw( ) 方法中编写下面的代码：

```
1.  public void draw(){
2.      System.out.println(mouseX+","+mouseY);
3.  }
```

程序运行时，如果在窗口中移动鼠标，控制台的输出也会不断变化。

知识点 6　改变鼠标状态

在 Processing 中，调用方法 void cursor(int kind) 改变鼠标状态。例如：

```
1.  cursor(HAND);//将鼠标设置为手形
```

2. cursor(ARROW);//将鼠标设置为指针

HAND 和 ARROW 是 Processing 定义的系统变量，本质就是整型，HAND 是 12，ARROW 是 0。详情参见接口 PConstants。

> **小提示**
> 在 IDEA 代码编辑器中，按住 Ctrl 键，移动鼠标指针悬停在方法（变量）上，当鼠标变成手形，方法（变量）名变成蓝色并出现下划线，单击鼠标即可定位到方法（变量）定义，如图 2-27 所示。

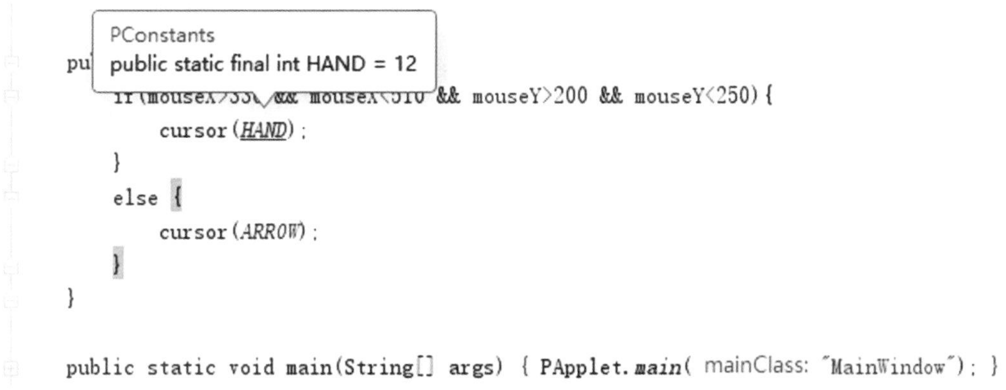

图 2-27　定位到方法（变量）定义

【任务实施】

任务 3 中已经在游戏窗口中添加了背景图片和 4 个按钮图片，MainWindow 类如图 2-28 所示，本次任务将在任务 3 的基础上完成。

图 2-28　MainWindow 类

实操步骤 1　分析——实时获取鼠标的位置

可以使用变量＿＿＿＿＿＿和＿＿＿＿＿＿获取鼠标的位置。

实操步骤 2　分析——改变鼠标指针的状态

可调用方法＿＿＿＿＿＿改变鼠标指针的状态。

实操步骤 3　设计——编写伪代码

由于 draw( )方法重复不断地被系统调用，因此在 draw( )方法中判断鼠标是否在按钮图片上，如果在按钮图片上，将鼠标指针改为手形，否则改为指针。请参照图 2-29["竞赛攻略"按钮图片的坐标是（330，200），图片宽度为 170，高度为 50]，在下面的方框中编写当鼠标移到"竞赛攻略"按钮时，改变鼠标状态。

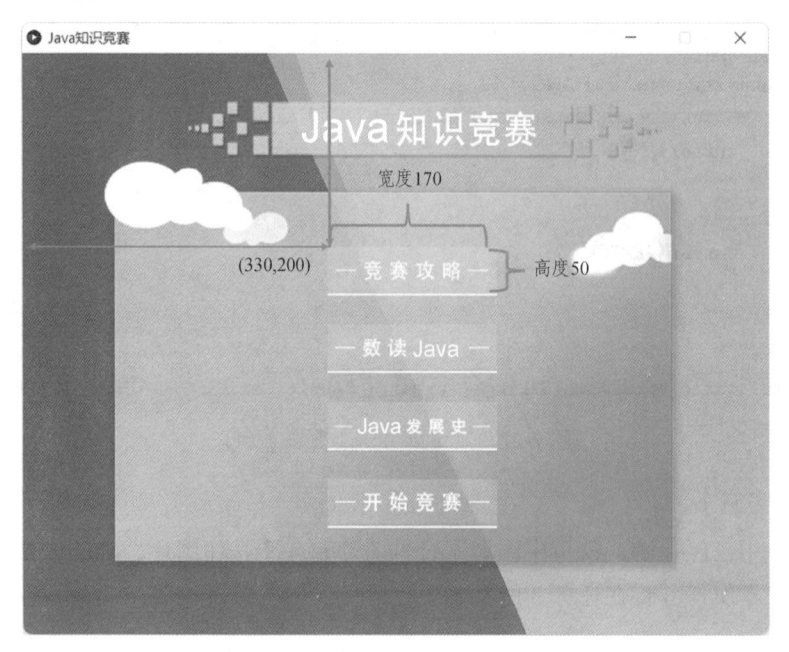

图 2-29　"Java 知识竞赛"主界面

实操步骤 4　编码实现——给"竞赛攻略"按钮添加鼠标响应

当鼠标移动到"竞赛攻略"按钮上时，鼠标指针变成手形，移出后，变回指针形状。

实操步骤 5　编码实现——给"数读 Java"按钮添加鼠标响应

当鼠标移动到"数读 Java"按钮上时，鼠标指针变成手形，移出后，变回指针形状。

实操步骤 6　编码实现——给"Java 发展史"按钮添加鼠标响应

当鼠标移动到"Java 发展史"按钮上时，鼠标指针变成手形，移出后，变回指针形状。

实操步骤 7　编码实现——给"开始竞赛"按钮添加鼠标响应

当鼠标移动到"开始竞赛"按钮上时，鼠标指针变成手形，移出后，变回指针形状。

【评价测试】

完成任务后，请进行自我评价或小组交叉互评，并将结果填入表 2-14 中。

表 2-14　学生评价表

评价指标	评价标准	分值	得分
给"竞赛攻略"按钮添加鼠标响应	鼠标移到按钮上指针变成手形，移除按钮变成指针	25	
给"数读 Java"按钮添加鼠标响应	鼠标移到按钮上指针变成手形，移除按钮变成指针	25	
给"Java 发展史"按钮添加鼠标响应	鼠标移到按钮上指针变成手形，移除按钮变成指针	25	
给"开始竞赛"按钮添加鼠标响应	鼠标移到按钮上指针变成手形，移除按钮变成指针	25	

【拓展提升】

技能进阶　给按钮添加其他的响应

改写程序，使得按钮能根据鼠标位置作出其他的反应。例如：鼠标移入按钮，按钮图片变大，移出，按钮图片恢复原样。

任务 5　开发竞赛攻略子模块

【需求分析】

本次任务要求大家在任务 4 的基础上实现在游戏主界面用鼠标点击"竞赛攻略"按钮，启动"竞赛攻略"子模块，并在竞赛攻略窗口中绘制游戏说明，如图 2-30 所示。

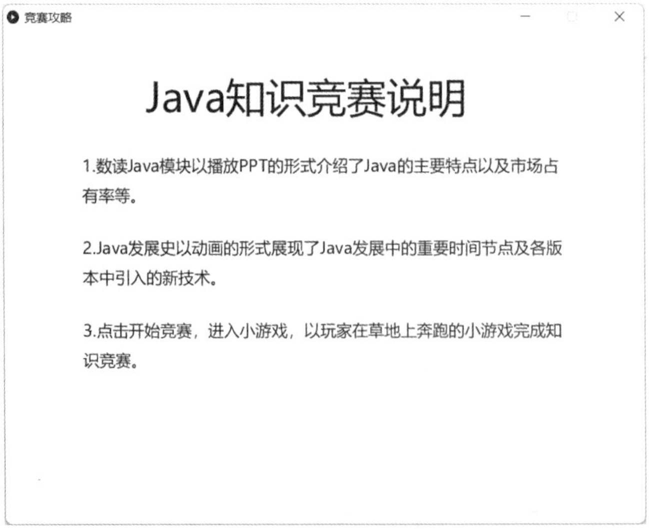

图 2-30　游戏说明

【学习目标】

（1）能介绍 Processing 的颜色模式；
（2）能阐述在窗体中绘制文本的方法；
（3）能解释响应鼠标单击事件的方法；
（4）能编写程序在窗口的指定位置绘制指定颜色的文本；
（5）能编写程序响应鼠标单击事件，打开一个新的窗体。

【职业证书对接】

表 2-15　大数据应用开发（Java）职业技能等级要求（初级）

工作任务	职业技能要求
面向过程代码编写	能熟练运用分支、循环等流程控制完成较复杂程序设计

【相关知识】

扫码加入课程。

配套 MOOC 资源

知识点 1　灰度模式

灰度模式是指颜色为黑、白、灰。将黑色到白色之间的亮度变化划分成 256 个等分，用 0~255 的整数表示，数字越大（255）表示颜色越亮，即白色；数字越小（0），表示颜色越暗，即黑色。图 2-31 所示为几种常用的灰度颜色。

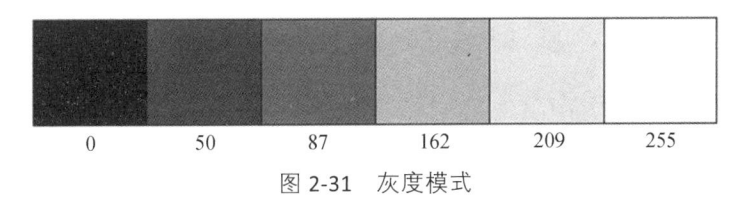

图 2-31　灰度模式

在窗口中绘制文本，首先要选择颜色，PApplet 类的 fill(int rgb) 方法表示选择灰度模式的颜色，fill(0) 表示选择黑色，fill(255) 选择白色。

background(int rgb) 方法为窗体填充颜色，background(0) 表示将窗体填充为黑色，background(255) 表示将窗体填充为白色。

知识点 2　RGB 色彩模式

计算机中表示彩色使用的是光学三原色，即 RGB 彩色模式。光学三原色通常应用在电子系统中，如计算机、电视、数码相机、手机等。可以通过红色（Red）、绿色（Green）和蓝色（Blue）混合出其他颜色。常见的色彩组合如表 2-16 所示。

表 2-16　常见 RGB 色彩

原始色彩	混合后的色彩	方法
红色+绿色	黄色	fill(255,255,0) background(255,255,0)
红色+蓝色	紫色	fill(255,0,255) background(255,0,255)
绿色+蓝色	青色（蓝绿色）	fill(0,255,255) background(0,255,255)
红色+绿色+蓝色	白色	fill(255,255,255) background(255,255,255)

知识点 3　绘制文本

调用 text(String str,float x,float y)方法可以在窗口的指定位置绘制文本。参数 str 为要绘制的文本，x 和 y 是窗体上的坐标。

```
1.   text("Java 知识竞赛",100,100);   //在 100，100 的位置绘制文本"Java 知识竞赛"
```

如果绘制的文本比较长，可以指定文本的绘制区域，文本会自动换行。如下面的代码，参数 100，200 表示文本在窗体上的起始位置，参数 500，100 表示文本绘制在宽度为 500、高度为 100 的矩形区域内。

```
text(" 如果绘制的文本比较长，可以指定文本的绘制区域，文本会自动换行
",100,200,500,100);
```

知识点 4　鼠标单击

在类中将代码编写在方法 mousePressed( )中，当点击鼠标后，方法中的代码会被执行。程序清单 2-10 的代码演示了在窗口上点击鼠标，控制台将输出文字"Java 知识竞赛"，每点击一次鼠标，控制台就会输出一次。

```
1.   // 程序清单 2-10
2.   import processing.core.PApplet;
3.
4.   public class MainWindow extends PApplet {
5.       ...
6.       public void mousePressed(){
7.           System.out.println("Java 知识竞赛");
8.       }
9.       ...
10.  }
```

【任务实施】

实操步骤 1　分析设计——增加 GameIntroWindow 类

首先，新建竞赛攻略类，命名为 GameIntroWindow 类。GameIntroWindow 类的主要功能是在窗体上绘制如图 2-30 所示的文本。

然后，在 MainWindow 类的方法 mousePressed( )中编写代码，当鼠标点击按钮"竞赛攻略"时，启动 GameIntroWindow 类，类设计如图 2-32 所示。

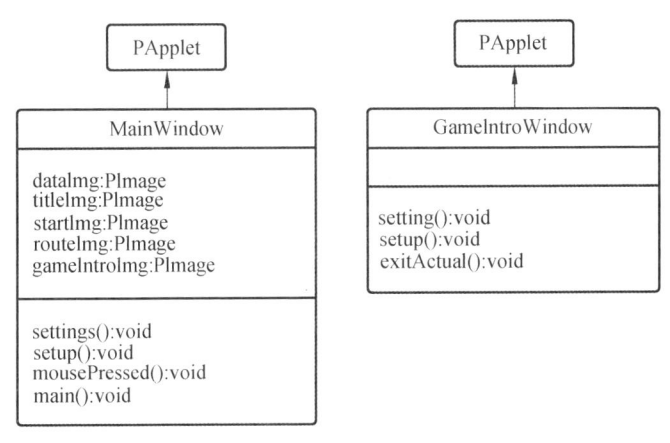

图 2-32　类设计

实操步骤 2　编码实现——创建 GameIntroWindow 类

创建 GameIntroWindow 类，将窗口大小设置为 800×600，窗口标题设置为"竞赛攻略"，代码如下：

```
1.  // 程序清单 2-11
2.  import processing.core.PApplet;
3.
4.  public class GameIntroWindow extends PApplet {
5.      public void settings(){
6.          size(800,600);
7.      }
8.      public void setup(){
9.          surface.setTitle("竞赛攻略");
10.     }
11.     public void exitActual() {
12.         this.dispose();
13.     }
14. }
```

> **小提示**
>
> 方法 surface.setTitle(String title)的作用是设置窗体左上角的标题。
>
> 在方法 exitActual()中编写代码 this.dispose()，当关闭"游戏攻略"窗口时，不会关闭主窗口。

实操步骤 3　编码实现——mousePressed( )方法

在任务 3 的基础上，修改 MainWindow 类，新增 mousePressed( )方法。当用户单击鼠标时，获取鼠标的位置，如果鼠标正好在"竞赛攻略"图片上，便启动 GameIntroWindow 窗口。

在 Processing 中，使用变量 _____ 和 _____ 获取鼠标的位置，启动 GameIntroWindow 的方法是 _____。

请在下面的方框中编写 mousePressed 方法( )。

实操步骤 4　编码实现——绘制标题

在 GameIntroWindow 类的 setup( )方法中设置窗体标题为"竞赛攻略"，窗体背景为白色，在（300，100）的位置绘制标题"Java 知识竞赛说明"，字体为微软雅黑，大小为 50。

> **小提示**
>
> 可以在绘制文本之前调用 textFont(createFont("微软雅黑",50))方法设置字体，其中 50 是字体大小。

请在下面的方框中编写 setup( )方法。

实操步骤 5　编码实现——绘制说明 1

请在位置（100，150）上绘制文本"1.数读 Java 模块以播放 PPT 的形式介绍了 Java 的主要特点以及市场占有率等"字体为微软雅黑，大小为 20。

实操步骤 6　编码实现——绘制说明 2

请在位置（100，200）上绘制文本"2.Java 发展史以动画的形式展现了 Java 发展中的重要时间节点及各版本中引入的新技术"，文本要能自动换行，字体为微软雅黑，大小为 20。

实操步骤 7　编码实现——绘制说明 3

请在位置（100，300）上绘制文本"3.点击开始竞赛，进入小游戏，以玩家在草地上奔跑的小游戏完成知识竞赛。"文本要能自动换行，字体为微软雅黑，大小为 20。

【评价测试】

完成任务后，请进行自我评价或小组交叉互评，并将结果填入表 2-17 中。

表 2-17 学生评价表

评价指标	评价标准	分值	得分
点击鼠标启动"竞赛攻略"窗体	鼠标移到按钮上，点击鼠标启动"游戏攻略"窗体	25	
绘制标题	正确设置"Java 知识竞赛说明"4 个字的字体和大小，文本水平居中	25	
绘制说明文本 1	正确设置说明文本的字体和大小	25	
绘制说明文本 2 和 3	正确设置说明文本的字体和大小，并能自动换行	25	

【拓展提升】

技能进阶 1　修改标题颜色

在灰度模式和 RGB 模式下，都可以给方法 fill( ) 和 background( ) 提供一个新的参数，表示透明度。透明度也是由 0～255 的数字来表示，数字越大表示越不透明，越小表示越透明。255 表示完全不透明，0 表示完全透明，详情见表 2-18 和表 2-19 所示。

表 2-18 灰度模式下的透明度设置

方法	说明
fill(int rgb)	改变图形的颜色，函数接收一个 0～255 的整数，0 表示黑色，255 表示白色
fill(int rgb,float alpha)	增加了参数 alpha，表示透明度
background(int rgb)	改变窗口（图形的背景）色，函数接收一个 0～255 的整数，0 表示黑色，255 表示白色
background(int rgb,float alpha)	增加了参数 alpha，表示透明度

表 2-19 RGB 模式下的透明度设置

方法	说明
fill(float v1,float v2,float v3)	
fill(float v1,float v2,float v3,float alpha)	增加了参数 alpha，表示透明度
background(float v1,float v2,float v3)	
background(float v1,float v2,float v3,float alpha)	增加了参数 alpha，表示透明度

请修改 setup( ) 方法，将标题修改为半透明的红色。请在下面的方框中写下你的代码。

技能进阶 2　启动 GameIntroWindow

Processing 中系统变量 mouseButton 表示按下的鼠标键，有 3 个值，LEFT 表示左键，RIGHT 表示右键，CENTER 表示按下鼠标中键，通常结合 if 语句使用。

```
1.  if(mouseButton== LEFT){
2.
3.  }
4.  if(mouseButton==RIGHT){
5.
6.  }
7.  if(mouseButton==CENTER){
8.
9.  }
```

在前面的任务中，点击鼠标的左键或右键都能启动 GameIntroWindow 窗体，请修改 MainWindow 类的 mousePressed( )方法，只有点击鼠标左键才能启动 GameIntroWindow。

模块 3　开发数读 Java 模块

任务 1　搭建"数读 Java"模块主界面

【需求分析】

本次任务要求大家创建"数读 Java"子模块的窗体，如图 3-1 所示。在主窗体中用鼠标左键单击"数读 Java"按钮启动子模块。

"数读 Java"的窗体中有 1 张背景图片、4 个按钮（播放、暂停、上一张和下一张）和 1 张暗红色半透明的工具条背景图片。

图 3-1　"数读 Java"子模块

【学习目标】

（1）能解释定义类的语法；
（2）能列举出类的构成；
（3）能定义简单的类。

【职业证书对接】

表 3-1　大数据应用开发（Java）职业技能等级要求（初级）

工作任务	职业技能要求
面向对象代码编写	理解类和对象机制，熟练运用 Java 的面向对象机制，用"类"的语法封装对象的行为和状态

【相关知识】

扫码加入课程。

配套 MOOC 资源

知识点 1　面向对象编程思想

在前面的课程中我们知道 Java 程序是由一个个类构成的，Java 是完全面向对象的。

面向对象程序设计（OOP）是当今主流的程序开发技术，它已经取代了传统的"结构化""过程化"的程序开发技术。面向对象是 Java 最重要的特性。

传统的结构化程序设计，需要通过设计一系列的算法来解决问题，确定了算法后需要确定与算法相关的数据存储方式，数据存储方式即为数据结构。著名的 Pascal 语言的设计者 Niklaus Wirth 认为程序=算法+数据结构。

在结构化程序设计中，算法是第一位的，数据结构是第二位的。与结构化程序设计不同，面向对象程序设计首先考虑的是数据如何存放，然后再考虑算法。

对于规模较小的问题，使用面向过程的方式来解决是可以的。面向对象的方式特别适合于解决规模较大的问题。

知识点 2　类

使用面向对象思想编写程序可以概括为"一个程序一个世界"，编写的程序实际就是客观世界的模拟。也就是说客观世界中有什么实体，程序世界中就应该有类与之一一对应。程序世界中使用类来表示实体。

例如，在客观世界中，教务系统会涉及教师、学生和课程等实体，那么在程序世界中可以定义类 Teacher、Student 和 Course 分别对应教师、学生和课程。

至于如何发现和识别系统中的类来表示客观世界的实体，将在后面详细介绍。

知识点 3　成员变量

成员变量也叫属性，是构成类的要素之一。常用的类定义语法：

```
public class className {
type field1;
type field2;
…
}
```

class 是关键字，className 是类的名字，public 是修饰符，我们将在后面详细介绍修饰符的用法。type 是数据类型，field1、field2 是成员变量的名字。

下面是一个声明成员变量的例子：

```
1.  // 程序清单 3-1
2.  import Java.util.Date;
3.
4.  public class Student {
5.      String name;    //学生姓名
6.      String number;  //学号
7.      String phone;   //电话号码
8.      Date birthday;  //出生日期
9.  }
```

客观世界中的学生一定有姓名、学号、电话号码和出生日期等属性，程序世界中的 Student 类表示客观世界中的学生，因此也需要有 name、number、phone 和 birthday 4 个成员变量，分别表示姓名、学号、电话号码和出生日期。

> **小提示**
>
> 　　类里面还可以包含方法。如果将变量定义在了方法中，就是局部变量，不是类的成员变量。

【任务实施】

扫描右方二维码可以下载背景图片、工具条背景图片及 4 个控制按钮图片。

图片素材

实操步骤 1　分析——新增 DataWindow 类

观察图 3-1 可以发现，"数读 Java"模块是一个新的窗体，因此需要创建一个类，命名为 DataWindow，继承自类 PApplet。

窗体中有背景图片、"上一张"按钮、"下一张"按钮、"播放"按钮和"暂停"按钮，所有的控制按钮都在一张暗红色的半透明图片上。因此，可以说这些图片都是类 DataWindow 的属性，可以使用成员变量来表示。

实操步骤 2　设计——整体设计

类设计如图 3-2 所示。详细说明见表 3-2。

```
                    ┌─────────┐
                    │ PApplet │
                    └─────────┘
                         △
                         │
    ┌────────────────────────────────────────┐
    │              DataWindow                │
    ├────────────────────────────────────────┤
    │ nextImg:PImage                         │
    │ prevImg:PImage                         │
    │ playImg:PImage                         │
    │ suspendImg:PImage                      │
    │ toolbarImg:PImage                      │
    │ bgImg:PImage                           │
    ├────────────────────────────────────────┤
    │ +void settings()                       │
    │ +void setup()                          │
    │ +void exitActual()                     │
    └────────────────────────────────────────┘
```

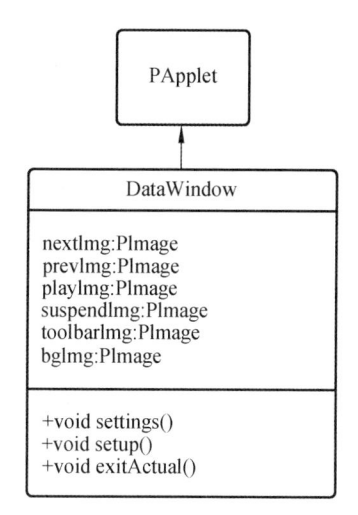

图 3-2 类设计

表 3-2 成员变量和方法说明

成员变量和方法	说明
nextImg	"下一张"按钮图片
prevImg	"上一张"按钮图片
playImg	"播放"按钮图片
suspendImg	"暂停"按钮图片
toolbarImg	工具条按钮图片
bgImg	窗体的背景图片
settings( )	在方法中调用 size(float width,float height)设置窗体大小
setup( )	在方法中加载 nextImg、prevImg、playImg、suspentImg 和 toolbarImg，并显示它们
exitActual( )	调用 this.dispose( )方法

实操步骤 3　编码实现——创建类 DataWindow

创建类 DataWindow，继承自 PApplet，参见图 3-2 和表 3-1 定义的 6 个成员变量。请在下面的方框中填写代码。

实操步骤 4　编码实现——设置窗体的标题和大小

在 DataWindow 类中创建方法 settings( )，设置窗体标题为"数读 Java"，大小为 800×600。请在下面的方框中填写代码。

接着在 DataWindow 类中创建方法 exitActual( )，编写代码调用 this.dispose( )方法。

实操步骤 5　编码实现——启动"数读 Java"模块

修改 MainWindow 类的 mousePressed( )方法，点击鼠标左键，启动"数读 Java"模块。请在下面的方框中填写代码。

实操步骤 6　编码实现——加载图片

在 DataWindow 类中创建 setup( )方法，编写代码从磁盘上加载背景图片、"上一张"按钮、"播放"按钮、"暂停"按钮、"下一张"按钮和工具条背景图片，并将图片保存在对应的成员变量中。请在下面的方框中填写代码。

实操步骤 7　编码实现——绘制图片

修改 setup( )方法，将背景图片、"上一张"按钮、"播放"按钮、"暂停"按钮、"下一张"按钮和工具条背景图片绘制在窗体中。请参照图 3-1 计算图片在窗体上的位置，在下面的方框中填写代码。

> **小提示**
>
> 请注意绘制图片的先后顺序。如果窗体上只能看见背景图片，应调整绘制图片的先后顺序，并思考为什么会这样？和你周边的同学讨论一下吧！

【评价测试】

完成任务后，请进行自我评价或小组交叉互评，并将结果填入表 3-3 中。

表 3-3　学生评价表

评价指标	评价标准	分值	得分
创建 DataWindow 类	能正确创建 DataWindow 类，继承自 PApplet 类	10	
创建 DataWidow 类的属性	能正确创建属性保存工具条、工具条上的按钮以及背景图片	25	
能正确加载图片	能正确加载工具条、工具条上的按钮以及背景图片	25	
程序运行结果	程序能正确运行，达到预期效果，无报错	40	

【拓展提升】

技能进阶 1　方法（函数）

类中除了有成员变量以外还包含方法。方法就是函数，在类中的函数通常都称为方法。语法如下：

```
public class className {
    type field1;
    type field2;
    ...


    returnType method1( ){
```

```
    …
    }
    returnType method2( ){
    …
    }
    …
    }
```

技能进阶 2 类和成员变量命名约定

在企业开发中，通常对类、成员变量命名作了如下约定：类名使用 UpperCamelCase 风格，必须遵循大驼峰形式，但以下情形例外：DO、BO、DTO、VO、AO。

正例：MarcoPolo、UserDO、XmlService、TcpUdpDeal、TaPromotion。

反例：macroPolo、UserDo、XMLService、TCPUDPDeal、TAPromotion。

成员变量统一使用 lowerCamelCase 风格，必须遵从小驼峰形式。例如：localValue、getHttpMessage( )、inputUserId。

任务 2 读取背景图片到数组中

【需求分析】

"数读 Java"子模块共有 13 张背景图片，存放在 data\data 文件夹中，如图 3-3 所示。本次任务要求大家能定义数组，从磁盘上读取 13 张背景图片，并存入数组中。

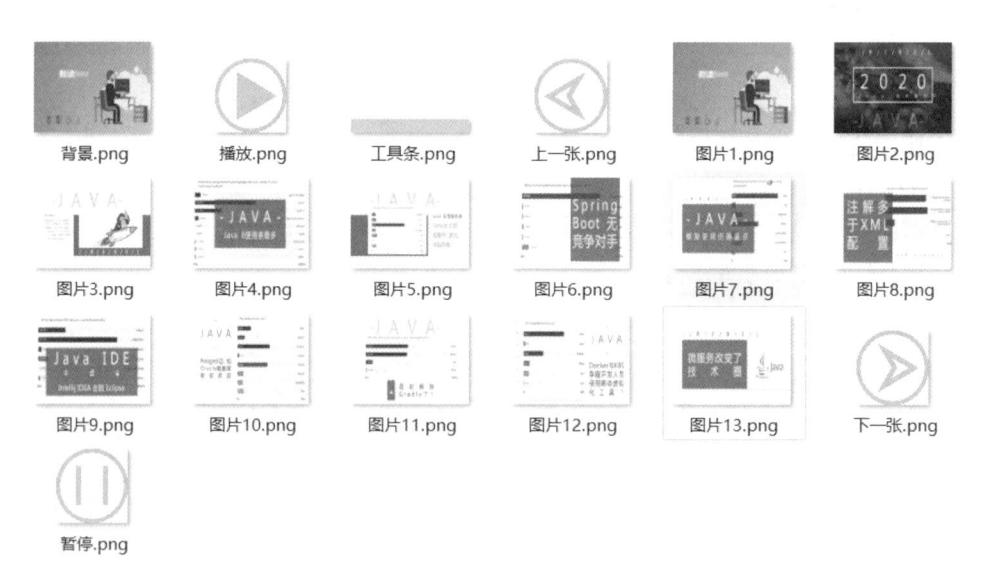

图 3-3 背景图片

【学习目标】
（1）能定义数组并给数组分配存储空间；
（2）能使用下标访问数组内容；
（3）能给数组选择合适的数据类型。

【职业证书对接】

表 3-4　大数据应用开发（Java）职业技能等级要求（初级）

工作任务	职业技能要求
面向过程代码编写	能熟练运用数组存取数据

【相关知识】

扫码加入课程。

配套 MOOC 资源

知识点 1　数组定义

数组是一种数据结构，是具有相同数据类型的元素的集合。语法结构如下：

type[ ] 数组名;

type 是类型，表示数组中存储的数据的类型，可以是基本类型，也可以是引用类型。下面的代码演示了数组的定义：

1. `int[] arr1;` //可以存储多个 int 型数据
2. `double[] arr2;`//可以存储多个 double 型数据
3. `PImage[] arr3;`//PImage 是引用类型，可以存储多张图片

当程序中需要使用多个类型相同的数据时就可以使用数组。请创建数组存储 50 个同学的成绩、100 个员工的工资。

知识点 2　给数组分配存储空间

数组定义后，还需要在内存中给数组分配存储空间，需要使用 new 关键字。例如：

1. `// 程序清单 3-2`
2. `int[] arr1;` //可以存储多个 int 型数据

```
3.  double[] arr2;//可以存储多个 double 型数据
4.  PImage[] arr3;//可以存储多张图片
5.  arr1=new int[10];
6.  arr2=new double[5];
7.  arr3=new PImage[13];//13 表示数组大小，能存储 13 张图片
```

也可以将数组的定义和分配存储空间写在一起，简化代码。例如：

```
1.  // 程序清单 3-3
2.  int[] arr1=new int[10];   //[]中的常量是必不可少的，表示数组的大小
3.  double[] arr2=new double[5];
4.  PImage[] arr3=new PImage[13];
```

程序清单 3-3 的第 2 行代码表示定义了名为"arr1"的数组，能存放 10 个整数；第 3 行代码表示定义了名为"arr2"的数组，能存放 5 个浮点型数据；第 4 行代码表示定义了名为"arr3"的数组，能存放 13 张图片。

也可动态分配数组的空间。下面的代码演示了动态分配数组的空间，第 1 行代码定义了变量 n，n 的值为 10，第 2 行代码根据变量 n 的值给数组 arr1 分配存储空间。

```
1.  int n=10;
2.  int[] arr1=new int[n];
```

> **小提示**
>
> []中的值可以常量，也可以是变量，但只能是整数。

下面的数组定义哪些是正确的？哪些是错误的？请写出错误的原因。

int[ ] arr1=new int[5];   _____
double arr2=new double[5+5];   _____
int n=10;
double[ ] arr3=new int[n];   _____

double n=3.5;
PImage arr4=new PImage[n];   _____
int n=5;
int[ ] arr5=new int[n*5];   _____

使用 new 给数组分配存储空间后，数组中的每一个元素都有一个默认值，数据类型不同其默认值是不同的，见表 3-5。

表 3-5 数组的默认值

基本数据类型	示例	默认值
byte、short、int、long	int[ ] a=new int[5]; byte[ ] a=new byte[5];	0
char	char[ ] a=new char[5];	空字符
float、double	float[ ] a=new float[5]; double a=new double[5]	0.0
类	PImage a=new PImage[5]; String a=new String[5];	null

可以在定义数组时给数组分配空间并初始化数组元素的值。程序清单 3-4 演示了在定义时初始化数组。

```
1.  // 程序清单 3-4
2.  int arr1[]=new int[]{1,2,3,4,5};   //[]中不能给定数组的大小
3.  double arr2[]={1,2,3,4,5};
4.  char arr3[]={'a','b','c'};
5.  String arr4[]={"Hello","Java"};
```

知识点 3　访问数组中的数据

数组创建好并分配存储空间后，可以直接通过整型下标来访问数组中的数据。例如：

```
1.  // 程序清单 3-5
2.  int[] arr1=new int[10];
3.  arr1[0]=10;    //访问数组的第 1 个元素
4.  arr1[9]=100;   //访问数组的第 10 个元素
5.  System.out.println(arr1[0]);
6.  System.out.println(arr1[1]);
7.  System.out.println(arr1[9]);
```

程序清单 3-5 的第 2 行语句声明数组并给数组分配空间，数组的大小（长度）为 10，表示可以在数组中存放 10 个整数。第 3 行语句表示将 10 存放到数组的第一个空间中，第 4 行语句表示将 100 存放到数组的第 10 个空间中。注意：下标是从 0 开始的。

> **小提示**
>
> 访问数组的下标不能为负数，只能为大于等于 0 的数。如果下标超过了数组的大小（长度）。程序运行时会报 java.lang.ArrayIndexOutOfBoundsException 的错误，提示数组访问越界。

【任务实施】

扫描右方二维码下载"数读 Java"模块的图片（共有 13 张图片，名称为图片 1.png~图片 13.png）。

图片素材

实操步骤 1　分析——存储 13 张背景图片

在类 DataWindow 中新增成员变量保存 13 张背景图片。可以定义 13 个变量，bgImg1、bgImg2…bgImg13，这种方法有很明显的缺点。如果背景图片是 100 张，该如何处理？很明显应该使用数组。请在下面的方框中写上在程序中使用数组的原因。

新增的成员变量应该定义为数组。类设计如图 3-4 所示。成员变量 bgImgs 是新增的，类型是图片（PImage）数组，用来保存 13 张图片。

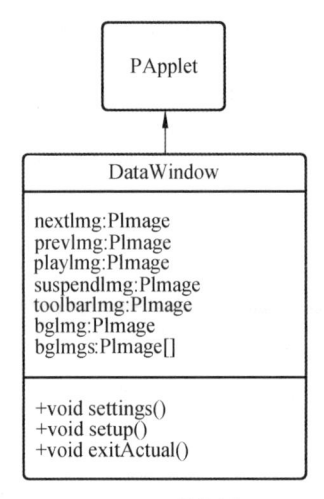

```
          ┌──────────┐
          │  PApplet │
          └──────────┘
               ▲
               │
    ┌──────────────────────┐
    │      DataWindow      │
    ├──────────────────────┤
    │ nextImg:PImage       │
    │ prevImg:PImage       │
    │ playImg:PImage       │
    │ suspendImg:PImage    │
    │ toolbarImg:PImage    │
    │ bgImg:PImage         │
    │ bgImgs:PImage[]      │
    ├──────────────────────┤
    │ +void settings()     │
    │ +void setup()        │
    │ +void exitActual()   │
    └──────────────────────┘
```

图 3-4　类设计

实操步骤 2　设计——定义成员变量保存背景图片

修改类 DataWindow，创建成员变量 bgImgs，用来存储 13 张背景图片。请在下面的方框中填写代码。

实操步骤 3　编码实现——读取图片存放到数组中

在 DataWindow 类的 setup( )方法中编写代码，从 data\data 文件夹中依次读取 13 张图片到数组 bgImgs 中。请在下面的方框中填写代码。

实操步骤 4　编码实现——显示背景图片

使用下标 0 访问图片数组 bgImgs 的第 1 张背景图片，将图片显示在数读 Java 的窗体中。请在下面的方框中填写代码。

【评价测试】

完成任务后，请进行自我评价或小组交叉互评，并将结果填入表 3-6 中。

表 3-6　学生互评表

评价指标	评价标准	分值	得分
定义数组	数组名称符合规范； 能正确定义并初始化数组大小	20	
读取背景图片到数组中	能将 13 张背景图片读取存放到数组中	60	
将数组中第一张图片作为背景显示	能正确显示第一张背景图片； 运行程序无报错	20	

【拓展提升】

技能进阶　数组在内存中的存放形式

前面讲解过变量实际是内存中的一小块区域，用来记录特定类型的信息。数组和变量非常相似，数组也是内存中的一块区域，不同的是变量只是单个区域，而数组是连续的多个区域，如图 3-5 所示。

```
                        变量a
            int a;      ☐

                        数组arr1
            int[] arr1=new ine[5];  ☐☐☐☐☐
```

图 3-5　变量和数组

数组中的元素在内存中是连续存放的，因此数组中有一个特定的索引（起始就是数据在数组中所处的位置），使用索引可以很容易访问数组元素，如图 3-6 所示。可以使用 arr1[0] 访问数组的第一个元素，arr1[4] 访问数组的最后一个元素。

```
            ☐ ☐ ☐ ☐ ☐
            0 1 2 3 4
```

图 3-6　索引

数组有一个特性，一旦给数组分配存储空间后，数组的大小（长度）就不能再修改了。在程序清单 3-6 所示的代码中，数组 arr1 定义后，其长度永远是 5，不可能变成 6 或 7。请大家解释第 8 行代码是修改数组长度吗？请在下面的方框中填写你的想法。

```
1.  // 程序清单 3-6
2.  int[] arr1=new int[5];
3.  arr1[0]=100;
4.  arr1[1]=200;
5.  arr1[2]=300;
6.  arr1[3]=400;
7.  arr1[4]=500;
8.  arr1=new int[10];
```

任务 3 切换背景图片

【需求分析】

本次任务要求大家在任务 2 的基础上实现鼠标单击"上一张""下一张"按钮切换背景图片。

【学习目标】

(1) 能解释变量的作用域;
(2) 能编写代码使用变量作为数组的下标访问数组中的元素;
(3) 能在程序中合适的地方定义变量。

【职业证书对接】

表 3-7 大数据应用开发(Java)职业技能等级要求(初级)

工作任务	职业技能要求
面向过程代码编写	能运用 Java 中的"方法(Method)"完成代码块封装;能熟练运用数组存取数据

【相关知识】

扫码加入课程。

配套 MOOC 资源

知识点 1 使用变量作为数组的下标

在本模块前面两个任务中,使用下标访问数组时,中括号中使用的都是常量。还可以定义变量,将变量作为下标访问数组。例如:

```
1.  int[] a=new int[10];
2.  int i=0;
3.  a[i]=1;
4.  i++;
5.  a[i]=2;
6.  ...
```

知识点 2 数组长度

可以调用数组的 length 属性获取数据的长度。

```
1.  int[] a=new int[10];
2.  System.out.println(a.length);   //在控制台输出 10
```

> **小提示**
> 一定要给数组分配存储空间后再调用数组的 length 属性。

知识点 3　变量的作用域

细心的同学应该会发现，有一些变量是在函数中定义的，并没有直接定义在类中（类中定义的变量为成员变量）。在函数中定义的变量叫局部变量，局部变量和成员变量的作用域是不同的。请看下面的代码：

```java
1.  // 程序清单 3-7
2.  public class Demo01{
3.      int field1;
4.
5.      public void f1(){
6.          //在函数 f1 中能使用变量 x、y;不能使用变量 a、b
7.          //也可以使用成员变量 field1
8.          int x,y;
9.      }
10.     public void f2(){
11.         int a,b;
12.         //在函数 f2 中能使用变量 a,b;不能使用变量 x、y
13.         //在函数 f2 中能使用变量 field1
14.     }
15. }
```

如果希望变量在类中不同的函数中都能正常访问，需要将变量定义为成员变量。

知识点 4　再论 draw( ) 方法

在模块 2 搭建 "Java 知识竞赛" 游戏主界面任务 2 的实操步骤 6 中提到过 Processing 会先调用 setup( ) 方法，然后再重复调用 draw( ) 方法。因此，需要产生动态效果的代码都要编写在 draw( ) 方法中。

下面的代码演示了跟随鼠标移动的圆，效果如图 3-7 所示。

```java
1.  // 程序清单 3-8
2.  import processing.core.PApplet;
3.
4.  public class Demo02    extends PApplet {
5.      public void settings() {
6.          size(400, 300);
```

```
7.      }
8.
9.      public void setup(){
10.
11.     }
12.
13.     public void draw(){
14.         //绘制半透明的画布
15.         fill(255,30);
16.         rect(0,0,width,height);
17.
18.         //绘制拖尾的小球
19.         noStroke();
20.         fill(255,0,0);
21.         ellipse(mouseX,mouseY,50,50);
22.     }
23. }
```

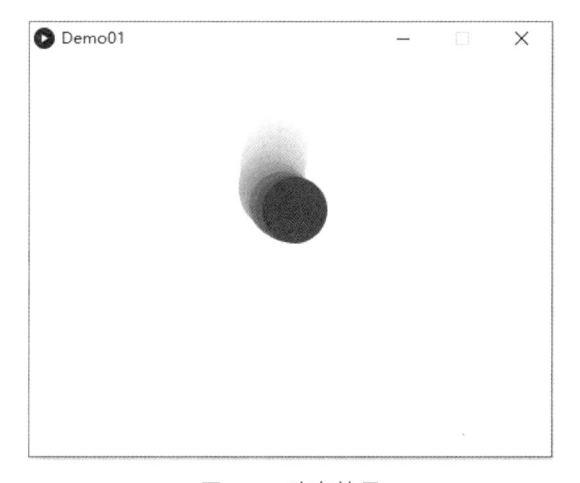

图 3-7　动态效果

小球会跟随鼠标，但怎么会产生长长的尾巴。请同学们思考一下，为什么绘制小球的代码要写在 draw( )方法中？为什么小球会有尾巴？请在下面的方框中填写你的想法。

【任务实施】

实操步骤1　分析——标记背景图片

在任务 2 中已经将 13 张背景图放在了数组 bgImgs 中,并将数组中的第一张图片作为背景显示在窗体中。要实现点击"上一张"和"下一张"按钮切换图片,首先需要定义一个变量。变量名为 index,初始值为 0,然后使用代码 image(bgImgs[index],0,0)显示背景图片。当点击"上一张"按钮时,index 的值减少 1;当点击"下一张"按钮时,index 的值增加 1。

本次任务要监听鼠标点击事件,需要在类 DataWindow 中定义方法 mousePressed( )。在方法中使用 if 语句判断鼠标的位置,如果在"上一张"按钮上点击了鼠标,则 index 的值减少 1;如果在"下一张"按钮上点击了鼠标,则 index 的值增加 1。

在修改 index 值时,需要关注 index 值的范围,如果 index 的值为 0,那么 index 不能再减少;如果 index 值为 12,那么 index 不能再增加。否则会引发 java.lang.ArrayIndexOutOfBoundsException 的错误。类设计如图 3-8 所示。

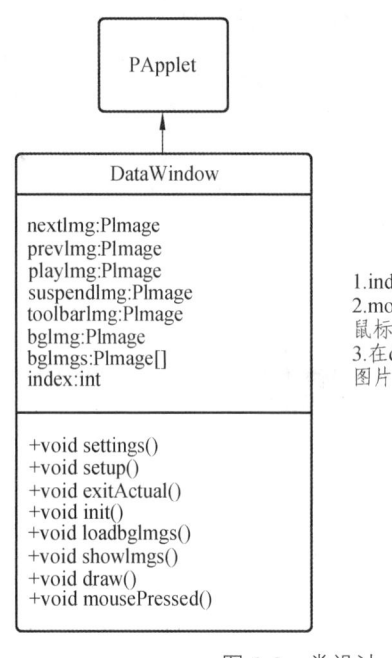

```
         ┌──────────┐
         │ PApplet  │
         └──────────┘
              △
              │
┌──────────────────────────┐
│      DataWindow          │
├──────────────────────────┤
│ nextImg:PImage           │
│ prevImg:PImage           │      1.indx 是新增的成员变量
│ playImg:PImage           │      2.mousePressd()方法响应
│ suspendImg:PImage        │        鼠标单击
│ toolbarImg:PImage        │      3.在 draw()函数中显示按钮
│ bgImg:PImage             │        图片、显示背景图片
│ bgImgs:PImage[]          │
│ index:int                │
├──────────────────────────┤
│ +void settings()         │
│ +void setup()            │
│ +void exitActual()       │
│ +void init()             │
│ +void loadbgImgs()       │
│ +void showImgs()         │
│ +void draw()             │
│ +void mousePressed()     │
└──────────────────────────┘
```

图 3-8　类设计

大家可以讨论一下,为什么 index 值为 0 时,index 值不能再减少,为 12 时不能再增加。请在下面的方框中填写你的想法。

┌───┐
│   │
│   │
│   │
│   │
└───┘

实操步骤 2　设计——定义成员变量 index 标记背景图片

定义成员变量 index，并初始化值为 0。将数组中的第一张背景图片显示在窗体中。显示图片的代码是写在 setup( )方法中还是写在 draw( )方法中？为什么？

实操步骤 3　编码实现——切换上一张图片

定义新成员方法 void mousePressed( )，按照实操步骤 1 中的分析编写代码修改成员变量 index 的值。请在下面的方框中填写方法 mousePressed( )的代码。

你是否发现工具条没有了？为什么？该如何修改代码呢？

实操步骤 4　编码实现——切换下一张图片

参照实操步骤 3 编写代码。请在下面的方框中填写方法 mousePressed( )的代码。

实操步骤 5　编码实现——改变鼠标指针形状

当鼠标移动到"上一张""下一张"按钮上时，将鼠标指针改为手形；移出去，将鼠标指针改为箭头形。

更改鼠标指针形状的代码应该放在_____方法中。请在下面的方框中填写更改鼠标指针形状的代码。

【评价测试】

完成任务后，请进行自我评价或小组交叉互评，并将结果填入表 3-8 中。

表 3-8　学生评价表

评价指标	评价标准	分值	得分
上一张	点击"上一张"按钮，能切换上一张背景图片	25	
下一张	点击"下一张"按钮，能切换下一张背景图片	25	
程序运行没有错误	程序没有异常	25	
切换鼠标指针形状	鼠标移到"上一张"或"下一张"按钮上，鼠标指针变成手形，移出后变成箭头形，且鼠标指针不能闪烁	25	

【拓展提升】

技能进阶 1　变量的作用域

在任务实施环节中，变量 index 被定义在类中，是成员变量。如果将变量定义在函数 void mousePressed( ) 中，会出现什么结果？为什么？和你的组员讨论一下，请在下面的方框中填写你的想法。

技能进阶 2　编写简单的画板程序

请编程实现图 3-9 所示的简单的画板程序。关键点是按下鼠标左键画线条，画线条的本质是不断地绘制点。绘制点的方法是 void point(int x,int y)，变量 x 和 y 是点的坐标。如果需要绘制较粗的线条，需要先调用 strokeWeight(float weight) 方法设置画笔的粗细。

图 3-9　简单的画板

任务 4　使用函数封装代码

【需求分析】

本次任务要求大家在任务 3 的基础上能使用自定义函数，在函数中加载按钮图片和 13 张背景图片，增强程序的可读性。

【学习目标】

（1）能描述自定义函数的语法；
（2）能归纳自定义函数的好处；
（3）能使用自定义函数将复杂程序划分成合理的小的模块；
（4）能调用自定义函数。

【职业证书对接】

表 3-9　大数据应用开发（Java）职业技能等级要求（初级）

工作任务	职业技能要求
面向过程代码编写	能运用 Java 中的"方法（Method）"完成代码块封装；能熟练运用数组存取数据

【相关知识】

扫码加入课程。

配套 MOOC 资源

知识点 1　自定义函数

前面的任务中我们说到方法就是函数。函数能将程序代码模块化，增强程序的可读性和复用性，方便代码的修改。增强程序的可读性这个特性将会在本任务中得到验证，增强程序代码的复用性将在下一个任务中得到验证。

除了调用系统定义的函数，我们可以在程序中自己定义函数。一个函数的定义由 4 个部分构成：访问修饰符、返回类型、函数名和形参，其中访问修饰符是可以省略的。访问修饰符的相关知识我们在后面详细介绍。语法如下：

```
访问修饰符 返回类型 函数名(形参列表){
    //函数体
}
```

在前面的任务中我们已经编写了 main( )、setup( )、draw( ) 等函数，这些都是我们自己定义的函数，它们被系统自动调用了。

下面的代码片段演示了在窗口上绘制 20 个位置和颜色渐变的矩形。

```
1.   // 程序清单 3-9
2.   public void settings(){
3.       size(400,300);
4.   }
5.   public void setup(){
6.       background(255);
7.       int width=30;
8.       int height=50;
9.       Random r=new Random();
10.      int x=0,y=0;
11.      for (int i=0;i<20;i++) {
12.          fill(200,100,255-i*10,127);
13.          rect(x,y,width,height);
14.          x=x+20;
```

```
15.        y=y+15;
16.    }
17. }
```

可以定义函数 drawRects( )，将绘制矩形的代码放到函数中，然后在 setup( ) 函数中调用 drawRects( )，如程序清单 3-10 所示。

```
1.  // 程序清单 3-10
2.  public void settings(){
3.      size(400,300);
4.  }
5.  public void setup(){
6.      background(255);
7.      drawRects();//调用绘制 20 个位置和颜色渐变的函数
8.  }
9.  //定义函数
10. public void drawRects(){
11.     int width=30;
12.     int height=50;
13.     Random r=new Random();
14.     int x=0,y=0;
15.     for (int i=0;i<20;i++) {
16.         fill(200,100,255-i*10,127);
17.         rect(x,y,width,height);
18.         x=x+20;
19.         y=y+15;
20.     }
21. }
```

知识点 2　复用性

使用函数可以提高代码的复用性。对比上面两段代码中的 setup( ) 函数，会发现第二段代码的 setup( ) 函数变得很简洁，只有两个函数的调用。至于绘制 20 个矩形的实现细节，全部在 drawRects( ) 函数中，提高了代码的可读性。修改矩形的渐变色，只需要修改 drawRects( ) 函数即可，避免了重复编写、修改代码。

知识点 3　模块化

函数可以把复杂的问题细分为多个容易解决的小问题，将大段的代码分解为小的片段，使得编程更容易，代码的可读性更高。例如，我们要绘制图 3-10 所示的小熊，可以分解为头部、身体和四肢，将代码放到不同的函数中，当需要绘制小熊时，直接调用函数，而不需要考虑绘制的细节。

图 3-10 小熊

请在下面的方框中填写你为绘制彩色的小熊设计的函数。

【任务实施】

实操步骤 1 　分析设计——优化背景图片读取代码

首先仔细阅读在任务 3 中编写的 DataWindow 类的 setup( )函数的代码，如程序清单 3-11 所示。它主要实现了三个功能：第一个功能是加载工具条和图片按钮；第二个功能是读取 13 张图片到数组中；第三个功能是将数组中的第一张图片作为背景显示在窗体中。该程序代码较长，影响程序的可读性。

```
1.  // 程序清单 3-11
2.  public void setup(){
3.      surface.setTitle("数读 Java");
4.      //加载工具条和按钮图片
5.      nextImg=loadImage("data/data/下一张.png");
6.      prevImg=loadImage("data/data/上一张.png");
7.      playImg=loadImage("data/data/播放.png");
8.      suspendImg=loadImage("data/data/暂停.png");
```

```
9.      toolbarImg=loadImage("data/data/工具条.png");
10.
11.     //读取13张图片到数组中
12.     bgImgs[0]=loadImage("data/data/图片1.png");
13.     bgImgs[1]=loadImage("data/data/图片2.png");
14.     bgImgs[2]=loadImage("data/data/图片3.png");
15.     bgImgs[3]=loadImage("data/data/图片4.png");
16.     bgImgs[4]=loadImage("data/data/图片5.png");
17.     bgImgs[5]=loadImage("data/data/图片6.png");
18.     bgImgs[6]=loadImage("data/data/图片7.png");
19.     bgImgs[7]=loadImage("data/data/图片8.png");
20.     bgImgs[8]=loadImage("data/data/图片9.png");
21.     bgImgs[9]=loadImage("data/data/图片10.png");
22.     bgImgs[10]=loadImage("data/data/图片11.png");
23.     bgImgs[11]=loadImage("data/data/图片12.png");
24.     bgImgs[12]=loadImage("data/data/图片13.png");
25.
26.     //将数组中的第一张图片作为背景显示
27.     image(bgImgs[0],0,0);
28.
29.     //显示工具条和按钮图片
30.     image(toolbarImg,0,517);
31.     image(playImg,330,525);
32.     image(suspendImg,400,525);
33.     image(prevImg,260,525);
34.     image(nextImg,470,525);
35. }
```

可以在类中设计3个函数：void init( )、void loadbgImgs( )和void showImgs( )。具体功能如表3-10所示。

表3-10 函数的功能

函数	功能
void init( )	加载工具条背景和按钮图片
void loadbgIms( )	加载13张背景图片到数组中
void showImgs( )	将数组中第一张背景图片显示在窗体中；将工具栏背景图片及"上一张""下一张""播放""暂停"4个按钮图片显示在窗口中

类设计如图 3-11 所示。

```
        ┌─────────┐
        │ PApplet │
        └─────────┘
             △
             │
┌───────────────────────────┐
│        DataWindow         │
├───────────────────────────┤
│ nextImg:PImage            │
│ prevImg:PImage            │
│ playImg:PImage            │
│ suspendImg:PImage         │
│ toolbarImg:PImage         │
│ bgImg:PImage              │
│ bgImgs:PImage[]           │
├───────────────────────────┤
│ +void settings()          │
│ +void setup()             │
│ +void exitActual()        │
│ +void init()              │
│ +void loadbgImgs()        │
│ +void showImgs()          │
└───────────────────────────┘
```

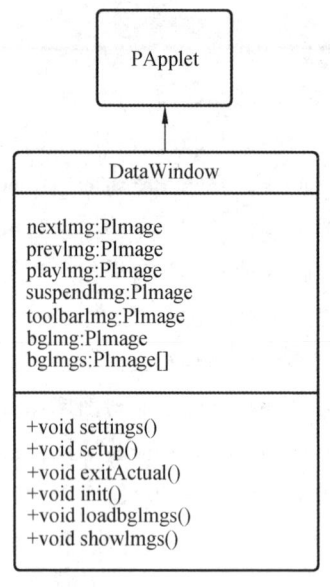

图 3-11　类设计

实操步骤 2　编码实现——定义 init( )函数

参照图 3-11，在 DataWindow 类中定义 init( )函数，加载工具条背景和按钮图片。请在下面的方框中填写 init( )函数的代码。

实操步骤 3　编码实现——定义 loadbgImgs( )函数

参照图 3-11，在 DataWindow 类中定义 loadbgImgs（ ）函数，加载 13 张背景图片到数组 bgImgs 中。请在下面的方框中填写 loadbgImgs( )函数的代码。

实操步骤 4　编码实现——定义 showImgs( )函数

参照图 3-11，在 DataWindow 类中定义 showImgs( )函数，将数组中第一张背景图片显示在窗体中；将工具栏背景图片及"上一张""下一张""播放""暂停"4 个按钮图片显示在窗口中。请在下面的方框中填写 showImgs( )函数的代码。

实操步骤 5　编码实现——调用函数

init( )、loadImgs( )和 showImgs( )函数应该在哪里被调用？请写出调用它们的代码。

【评价测试】

完成任务后，请进行自我评价或小组交叉互评，并将结果填入表 3-11 中。

表 3-11　学生评价表

评价指标	评价标准	分值	得分
定义 init( )函数	能正确定义函数	25	
定义 loadImgs( )函数	能正确定义函数	25	
定义 showImgs( )函数	能正确定义函数	25	
调用函数 init( )、loadImgs( )和 showImgs( )	能正确调用函数	25	

【拓展提升】

技能进阶　定义并调用改变鼠标指针形状的函数

改变鼠标指针形状的代码也可以放到函数中，以提高 draw( )方法中代码的可读性。请定义函数 void changeCursor( )封装改变鼠标指针形状的代码，并在 draw( )方法中进行调用。请在下面的方框中填写 changeCursor( )的代码。

任务 5　顺序播放背景图片和暂停

【需求分析】

本次任务要求大家在任务 4 的基础上实现单击"播放"按钮，程序每隔 1s 自动循环播放背景图片，单击"暂停"按钮，暂停播放背景图片。

【学习目标】

（1）能解释计算机系统中时间的本质；

（2）能使用 new 运算符创建新的对象；

（3）能阐述类与对象的区别。

【职业证书对接】

表 3-12　大数据应用开发（Java）职业技能等级要求（初级）

工作任务	职业技能要求
面向对象代码编写	理解类和对象机制，熟练运用 Java 的面向对象机制，用"类"的语法封装对象的行为和状态

【相关知识】

扫码加入课程。

配套 MOOC 资源

知识点 1　计算机中的时间概念

在计算机世界中，时间的最小度量单位是 ms（1 s=1000 ms）。时间永远向前，我们把 1970 年 1 月 1 日 00:00:00 定为基准时间，当前时刻就是当前时间与基准时间之间的毫秒数差值。在 Java 中，调用 Sysem.currentTimeMillis( )方法可以获取当前时刻。

```
1.    long now = System.currentTimeMillis( );
```

System.currentTimeMillis( )方法返回一个 long 型的数据，表示基准时间和当前时刻的差值。不要担心数据溢出问题，从基准时间往后的几十亿年都能用 long 型表示。

知识点 2　Date 类

Java 标准类库中的 Date(Java.util.Date)类也可以表示当前时刻，精确到毫秒。下面的代码首先定义了一个对象（变量）now，使用 new Date( )获取当前时刻，将当前时刻赋值给对象 now，可以调用对象的 getTime( )方法获取时间值。

```
1.    //定义变量 now，使用 new Date( )获取当前时刻
2.    Date now =new Date();
3.    System.out.println(now.getTime());
```

> **小提示**
> Java 标准类库中还有一个 Date 类(java.sql.Date)，通常在对数据库存取时间类型的数据时用到。

还可以使用下面的方法定义一个时间。

```
1.    Date d1=new Date(2022,10,1);    //表示 2022 年 11 月 1 日
2.    Date d2=new Date(2022,9,1);     //表示 2022 年 10 月 1 日
```

> **小提示**
> 在 IDEA 中会提示 new Date(2022,10,1)已经过期。Deprecated As of JDK version 1.1, replaced by Calendar.set(year + 1900, month, date, hrs, min) or GregorianCalendar(year + 1900, month, date, hrs, min)。
> 过期的方法大家最好不要使用。

知识点 3　new 运算符

在 Java 中，JDK 中有许多类供我们使用。大多数情况下，使用类之前需要使用构造方法（也叫构造函数）构造新的对象并初始化对象的状态，然后调用对象的方法。例如：new Date( )。这个表达式构造了一个新的对象，这个新的对象表示当前时间。可以直接在代码中使用新构造的对象，例如：

```
1.    System.out.println(new Date());
2.    System.out.println(new Date());
```

在上面的例子中，代码是相同的，实际上却构造了两个不同的对象，构造的对象只能使用一次。也可以定义变量来存储构造的对象，这样构造的对象可以多次使用。

```
1.  Date birthday = new Date();
2.  System.out.println(birthday);
3.  System.out.println(birthday);
```

Date 类中有一个方法叫 toString( )。可以使用 new Date( ).toString( )调用或 birthday.toString( )调用。

> **小提示**
> 使用对象调用类的方法，对象一定要使用 new 关键字初始化。

下面的代码将会报错：

```
1.  Date birthday1;
2.  System.out.println(birthday1);
3.  System.out.println(birthday1);
```

解决这个问题可以使用 new Date( )初始化对象 birthday1。

```
1.  Date birthday1=new Date();
2.  System.out.println(birthday1);
3.  System.out.println(birthday1);
```

或将已经存在的对象赋值给 birthday1。

```
1.  Date birthday=new Date();
2.  Date birthday1=birthday;
3.  System.out.println(birthday1);
4.  System.out.println(birthday1);
```

知识点 4　对象

在上面的程序中，Date 是时间类，birthday、birthday1 是时间对象。我们在任务 3 中说到，使用面向对象思想编写程序可以概括为"一个程序一个世界"，编写的程序实际就是客观世界的模拟。在客观世界中，每一个人的出生日期都是时间，因此用 Date 类来表示程序世界中的时间，只要涉及时间的都要使用 Date 类。然而，不同的人的出生日期可能是不同的时间，这就需要使用时间的对象。

例如 Date d1=new Date(2022,10,1);d1 是一个时间对象，表示一个时间点；Date d2=new Date( );d2 是另外一个时间对象，表示另外一个时间点。

假定在程序世界中类 Student 表示学生，代码 Student s1=new Student( );表示一个学生,Student s2=new Student( );表示另一个学生,程序世界中就有两个学生了。

请写下你理解的类与对象的区别。

```
┌─────────────────────────────────────────────────────────────┐
│                                                             │
│                                                             │
│                                                             │
│                                                             │
└─────────────────────────────────────────────────────────────┘
```

【任务实施】

实操步骤 1　分析——如何实现顺序和暂停

在任务 4 中,我们使用方法 init( )、loadbgImgs( )、showImgs( )对图片加载、显示进行了封装,如图 3-12 所示。在 setup( )方法中调用了 init( )和 loadbgImgs( )方法,draw( )方法调用 showImgs( )方法显示图片。draw( )方法的执行流程如图 3-13 所示。

```
    DataWindow
 f  nextImg         PImage
 f  suspendImg      PImage
 f  bgImg           PImage
 f  playImg         PImage
 f  bgImgs          PImage[]
 f  toolbarImg      PImage
 f  prevImg         PImage
 f  index           int
 m  showImages()    void
 m  settings()      void
 m  init()          void
 m  draw()          void
 m  mousePressed()  void
 m  loadbgImgs()    void
 m  setup()         void
 m  exitActual()    void
```

图 3-12　封装

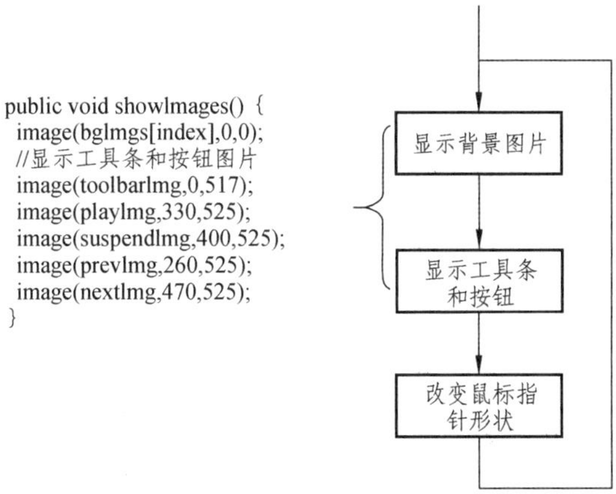

```
public void showImages() {
  image(bgImgs[index],0,0);
  //显示工具条和按钮图片
  image(toolbarImg,0,517);
  image(playImg,330,525);
  image(suspendImg,400,525);
  image(prevImg,260,525);
  image(nextImg,470,525);
}
```

┌─────────────┐
│ 显示背景图片 │
└─────────────┘
      │
      ▼
┌─────────────┐
│ 显示工具条 │
│ 和按钮   │
└─────────────┘
      │
      ▼
┌─────────────┐
│ 改变鼠标指 │
│ 针形状   │
└─────────────┘

图 3-13　执行流程

当点击"上一张"或"下一张"按钮时,改变了成员变量 index 的值,draw( )方法会不断被系统自动调用,因此背景图片改变了。

要实现点击"播放"按钮,背景图片每隔 1s 自动更换为下一张,只需要在 draw( )方法中每隔 1s 将成员变量 index 增加 1,如果 index 等于 bgImgs 数组的长度减 1,将 index 设置为 0 即可。

可以在 draw( )方法中定义 long 型的成员变量 intervalTime 记录背景更换的时间间隔的毫秒,如果 intervalTime 大于等于 1000,则改变 index 的值,并将 intervalTime 的值设为 0。

实操步骤 2　设计——定义成员变量 intervalTime

定义成员变量 intervalTime,用来记录背景更换的时间间隔,初始值为 0。请在下面的方框中填写定义变量 intervalTime 的代码。

```

```

实操步骤 3　设计——定义成员变量 startTime

定义 long 型成员变量 startTime,记录开始播放的时间,初始值为系统的当前时间。请在下面的方框中填写定义变量 startTime 的代码。

```

```

实操步骤 4　设计——定义变量 playStatus

定义变量 playStatus,初始值为 0,记录背景图片的播放状态。0 表示没有播放,1 表示正在播放。请在下面的方框中填写定义变量 playStatus 的代码。

```

```

实操步骤 5　编码实现——响应"播放"按钮

当用户点击"播放"按钮时，将 playStatus 的值设为 1，startTime 设置为当前时间，intervalTime 设置为 0。

代码应该编写在_____方法中。请在下面的方框中填写你更改变量 playStatus、startTime 和 intervalTime 的代码。

实操步骤 6　编码实现——实现自动播放背景图片

在 draw( )方法中，编写代码实现自动播放背景图片，基本步骤如下：

第一步：判断播放状态，如果正在播放，则执行第二步。

第二步：计算 intervalTime。intervalTime 的值为当前时刻减 startTime。

第三步：判断 intervalTime，如果 intervalTime 大于等于 1000（请大家思考为什么要大于等于 1000，而不是大于等于 1），首先更改 index 的值，然后再将 startTime 设置为当前时间。请在下面的方框中填写自动播放背景图片的代码。

编写的代码很容易出现 IndexOutOfBoundsException 的异常，为什么？请在下面的方框中填写出现异常的原因。

请大家思考为什么要将 startTime 设置为当前时间？和你的组员讨论一下，在下面的方框中填写你的想法。

实操步骤 6　编码实现——实现暂停

当"暂停"按钮被点击时，将播放状态 playStatus 更改为 0。

代码应该编写在_____方法中。请在下面的方框中填写你更改变量 playStatus 的代码。

【评价测试】

完成任务后，请进行自我评价或小组交叉互评，并将结果填入表 3-13 中。

表 3-13　学生评价表

评价指标	评价标准	分值	得分
播放	点击"播放"按钮，每间隔 1 s 按照顺序自动播放下一张背景	40	
暂停	点击"暂停"按钮，停止播放背景图	30	
运行结果	程序能正常运行，无 Bug，达到预期目标	30	

【拓展提升】

技能进阶　随机播放背景图片

点击"随机播放"按钮，系统每间隔 1 s 随机播放一张背景图片。其核心是当间隔时间满足大于等于 1 s 的条件时，将变量 index 增加 1 的代码修改为 0~13 的随机数即可。

随机数的知识点见模块 2 任务 3 的技能进阶 2 "强制类型转换"。请在下面的方框中填写生成随机数并赋值给 index 变量的代码。

任务 6　使用循环优化背景图片读取

【需求分析】

本次任务要求大家在任务 5 的基础上能使用循环和字符串拼接优化读取背景图片到数组中。

【学习目标】

（1）能解释为什么要在程序中使用迭代；
（2）能列举出 Java 中迭代的关键字；
（3）能使用 for 和 foreach 访问数组中的元素；
（4）能使用 String 类的常用方法。

【职业证书对接】

表 3-14　大数据应用开发（Java）职业技能等级要求（初级）

工作任务	职业技能要求
面向过程代码编写	能熟练运用分支、循环等流程控制完成较复杂程序设计；能熟练利用 JavaSE 的 String API 完成字符串存取和运算

【相关知识】

扫码加入课程。

配套 MOOC 资源

知识点 1　迭代

迭代就是循环，是计算机程序设计中最基本的结构之一，是指一系列有规律的不断重复的代码。使用迭代可以简化编程，使得有些复杂的事情变得更简单。请大家思考如何绘制图 3-14 所示的圆。

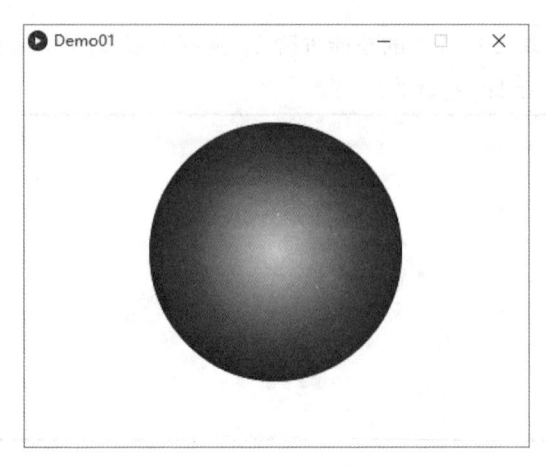

图 3-14 圆

在图 3-14 中，渐变的圆绘制在 400×300 窗口的正中心，其实它是由 200 个圆叠加形成的。首先绘制直径为 200、填充灰度为 200 的圆，接着绘制直径为 199、填充灰度为 199 的圆……最后绘制直径为 1、填充灰度为 1 的圆。代码如下：

```
1.  // 程序清单 3-12
2.  background(255);
3.  noStroke();
4.  fill(200);
5.  ellipse(200,150,200,200);
6.  fill(199);
7.  ellipse(200,150,199,199);
8.  fill(198);
9.  ellipse(200,150,198,198);
10. ...
11. fill(1);
12. ellipse(200,150,1,1);
```

在上面的代码中，我们可以发现一个规律——共绘制了 200 个，圆心坐标都是（200，150），直径由 200 递减到 1，每次递减 1。因此，可以使用迭代来提高编程效率。

Java 中有三种迭代：for、while 和 do while。

知识点 2　for 循环

for 循环是 Java 中使用最广泛的循环之一。格式如下：

```
for(语句1;语句2;语句3){
    语句块
}
```

例如下面的代码是将数字 1~10 输出到屏幕上。计算机在遇到 for 以后，将不再按照顺序的方式执行，执行流程如图 3-15 所示。

```
1.    // 程序清单 3-13
2.    public class Test {
3.        public static void main(String[] args) {
4.            for(int i=1;i<=10;i++){
5.                System.out.println(i);
6.            }
7.        }
8.    }
```

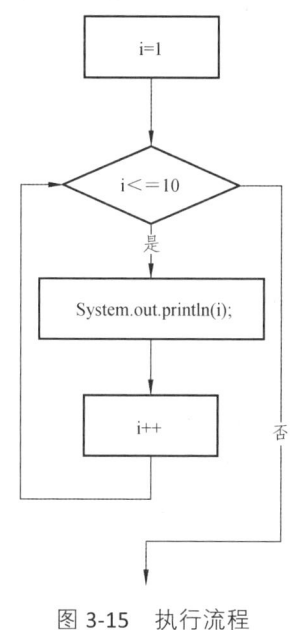

图 3-15 执行流程

在程序清单 3-13 的代码中，变量 i 充当计数器的作用，用来记录当前输出的数字。for 循环的语句 1 通常是对计数器初始化；语句 2 是每次执行新一轮循环之前要检查的条件，如果条件为真，继续执行循环，条件为假，循环终止；语句 3 通常是用来更新计数器。

从语法来讲，for 循环的语句 1、语句 2 和语句 3 都是可以省略的，构成永真循环；或是语句 1、语句 2 和语句 3 允许放置任何表达式，但是通常有一个约定，for 语句的 3 个部分放置的语句应该是：

语句 1：对量进行初始化；

语句 2：对在语句 1 中初始化的变量进行检测，返回的结果为真或假；

语句 3：对在语句 1 中初始化的变量进行更新。

使用 for 循环绘制图 3-14 所示渐变的圆。

for 循环是一种定长循环，也就是说，我们可以使用迭代变量控制循环的次数。通常用来解决循环次数确定的问题。

需要注意的是，迭代变量不能使用浮点型数据。由于计算机存储浮点数不是精确的，有一定的误差，可能导致循环不能正常结束。请看下面的代码：

```
1.  for (double x = 0; x != 10; x += 0.1){
2.      System.out.println(x);
3.  }
```

因为 0.1 在计算机中不能精确存储，最终 x 并非正好是 10，而是 10.09999999999998，从而导致循环不能正常结束。

知识点 3　使用循环访问数组

可以使用 for 循环初始化数组。

```
1.  int[] a=new int[10];
2.  for(int i=0;i<a.length;i++){
3.      a[i]=i+1;
4.  }
```

假设有如下的数组定义：int[ ] arr={1,2,3,4,5};，请编写代码完成下面的任务。

将数组中每一个元素设置为自身的平方	
为每个元素增加 1~10 的随机数	
将每个元素后面的元素累加到自己身上	
计算所有元素的总和	

程序清单 3-16 的代码是绘制鼠标特效，请将代码输入编辑器中编译运行，观察运行结果，并解释为什么会有这样的效果。

```
1.   // 程序清单 3-16
2.   import processing.core.PApplet;
3.
4.   /*
5.    * 鼠标特效
6.    * */
7.   public class Demo02 extends PApplet {
8.       int[] xposition=new int[50];
9.       int[] yposition=new int[50];
10.
11.      public void settings(){
12.          size(400,300);
13.      }
14.      public void setup(){
15.          for(int i=0;i<xposition.length;i++){
16.              xposition[i]=0;
17.              yposition[i]=0;
18.          }
19.      }
20.      public void draw(){
21.          background(255);
22.          //移动数组中的元素
23.          for(int i=0;i<xposition.length-1;i++){
24.              xposition[i]=xposition[i+1];
25.              yposition[i]=yposition[i+1];
26.          }
27.          //插入新的点
28.          xposition[xposition.length-1]=mouseX;
29.          yposition[yposition.length-1]=mouseY;
30.
31.          //绘制圆
32.          fill(0);
33.          noStroke();
34.          for(int i=0;i<xposition.length;i++){
```

```
35.            circle(xposition[i],yposition[i],i/2);
36.        }
37.    }
38. }
```

知识点 4　使用 foreach 循环访问数组

在 Java 中还有一种循环，专门用来访问数组和集合中的数据，格式为：

```
for(type variable:collection) statement
```

collection 可以是数组或集合（将在后面的模块中讨论集合），type 是数组或集合的基础数据类型。下面的代码演示了分别使用 for 和 foreach 循环访问数组元素。

```
1.  // 程序清单 3-17
2.  int[] arr=new int[10];
3.  //初始化数组
4.  for(int i=0;i<arr.length;i++){
5.      arr[i]=i+1;
6.  }
7.  //循环输出数组中的数据
8.  for(int i:arr){
9.      System.out.println(i);
10. }
```

> 小提示
>
> foreach 循环只能读取数组和集合中的数据，不能修改数据。

知识点 5　字符串

Java 标准类库中的 String 类表示字符串，凡是用双引号括起来的字符都是 String 类的一个对象（实例）。

```
1.  System.out.println("Hell World!");//"Hello World!"是 String 的一个对象
2.  String str1="Hello World!";//s1 是 String 的一个对象
3.  String str2="";//s2 是 String 的一个对象，表示空，注意不是 null
```

1. 字符串的长度

String 类提供了方法 length( )获取字符串的长度。

```
1.  System.out.println("Hell World!".length());// 输出 "Hello World!" 的长度
```

```
2.   String str1="Hello World!";//s1 是 String 的一个对象
3.   System.out.println(str1.length());
4.   String str2="";
5.   System.out.println(str2.length());
```

2. 拼接字符串

可以使用+拼接两个字符串，得到一个新的字符串。

```
1.   //输出"Hello"和"World!"拼接后的字符串
2.   System.out.println("Hello"+"World");
3.   String str1="Hello";
4.   String str2="World";
5.   //拼接 str1 和 str2
6.   str1=str1+str2;
7.   System.out.println(str1);
```

第 6 行代码看起来是将字符串 str1 和 str2 拼接好后再放到对象 str1 中，只用到了两个对象。实际情况却不是这样的，字符串对象创建后，其值是不能改变的。第 6 行代码将 str1 的内容修改成了"Hello World"，Java 在拼接时，其实是向计算机内存要了一个新的空间，用来存储"Hello World"，再将 str1 指向新的空间，并丢弃原来的空间，如图 3-16 所示。因此，在对大量字符进行拼接时，不能使用+号。

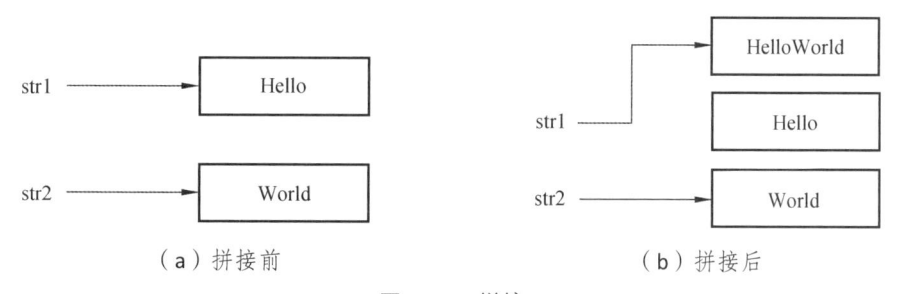

图 3-16 拼接

假设数组 names 存放了全班同学的姓名，现在需要将所有同学的姓名拼接，以逗号分隔，以便存入数据库中。

```
1.   // 程序清单 3-18
2.   String[] names=new String[50];
3.   names[0]="yang1";
4.   names[1]="yang2";
5.   names[2]="yang3";
6.   ...
7.
8.   String strs="";
```

```
9.    for (String name:names){
10.        strs=strs+name+",";
11.   }
```

上面的代码使用了+号对字符进行拼接，这样的拼接方式会影响程序的性能，你能说说这是为什么吗？

3. 字符串的子串

可以使用 String 类的 substring( )方法从一个字符串中提取子串。

```
1.   String str1="Hello world";
2.   String str2= str1.substring(1);
3.   String str3=str1.substring(1,3);
4.   System.out.println(str2);   //打印 ello world
5.   System.out.println(str3);   //打印 el
```

String 类提供了两个 substring( )。第 2 行代码从 str1 字符串的第 2 个位置开始提取字串，直到 str1 的末尾；第 3 行代码提取 str1 中 2~4 上的字串。

4. 判断两个字符串是否相等

Java 的基础数据类型可以使用==运算符判断两个变量或常量是否相等，但是判断两个字符串是否相等应该使用 equals( )方法。

```
1.   String str1 = "Hello world";
2.   String str2 = "Hello world";
3.   System.out.println(str1 == str2);//true
4.
5.   String str3 = new String("Hello world");
6.   String str4 = new String("Hello world");
7.   System.out.println(str3 == str4);//false
```

equals( )方法检测字符串是否相等会区分大小写，不区分大小写时可以使用 equalsIgnoreCase( )方法。

```
1.   "Hello world".equalsIgnoreCase("hello world");//true
2.   "Hello world".equals("hello world");//false
```

5. 空字符串与 null

实际使用中经常需要判断字符串是否为空。例如用户注册，在执行注册代码之前需要判断是否填写了用户名，就要判断用户名是否为空字符串。空字符串是长度为 0 的字符串。

```
1.   if(userName.length()==0){
```

```
2.    }
3.
4.    if(userName.equals("")){
5.    }
6.
7.    if("".equals(userName)){
8.    }
```

需要注意的是，如果 userName 为 null，使用第 1 行代码和第 5 行代码的方式判断程序会报错。因此，通常情况下要首先判断字符串是否为 null。

```
1.    if(userName != null && userName.length()==0){
2.    }
```

6. String 的常用方法

String 类中有 50 多个方法，大多数方法需要经常使用。表 3-15 列出了 String 类的常用方法，完整的方法请参见 JDK 帮助文档。

表 3-15　String 类的常用方法

方法	说明
char charAt(int index)	返回指定位置上的字符
int compareTo(String other)	按照字典顺序比较两个字符串，如果字符串大于 other，返回一个正数，相等则返回 0，小于则返回一个负数
String(byte[ ] bytes)	使用默认字符集解码指定的 byte 数组，构造一个新的 String
String(byte[ ] bytes, CharSetcharset)	使用指定的 charSet 解码指定的 byte 数组，构造一个新的 String
boolean endsWith(String suffix)	测试此字符串是否以指定的后缀结束
boolean startsWith(String prefix)	测试此字符串是否以指定的前缀开始
lastIndexOf(int ch)	返回指定字符在此字符串中最后一次出现处的索引
int lastIndexOf(int ch, int fromIndex)	返回指定字符在此字符串中最后一次出现处的索引，从指定的索引处开始进行反向搜索
int lastIndexOf(String str)	返回指定子字符串在此字符串中最右边出现处的索引
int lastIndexOf(String str, int fromIndex)	返回指定子字符串在此字符串中最后一次出现处的索引，从指定的索引开始反向搜索
int indexOf(int ch)	返回指定字符在此字符串中第一次出现处的索引
int indexOf(int ch, int fromIndex)	返回在此字符串中第一次出现指定字符处的索引，从指定的索引开始搜索
int indexOf(String str)	返回指定子字符串在此字符串中第一次出现处的索引
int indexOf(String str, int fromIndex)	返回指定子字符串在此字符串中第一次出现处的索引，从指定的索引开始

【任务实施】

实操步骤1　分析设计——使用循环优化代码

在任务 4 中将读取 13 张背景图片的代码封装到 loadbgImgs( )方法中了，如图 3-17 所示。

```
DataWindow
  nextImg        PImage
  suspendImg     PImage
  bgImg          PImage
  playImg        PImage
  bgImgs         PImage[]
  toolbarImg     PImage
  prevImg        PImage
  index          int
  showImages()   void
  settings()     void
  init()         void
  draw()         void
  mousePressed() void
  loadbgImgs()   void
  setup()        void
  exitActual()   void
```

图 3-17　封装

背景图片共 13 张，存储背景图片的数组 bgImgs 大小也为 13，因此可以使用 for 循环，控制循环的变量 i 取值 0 ~ 12。变量 i 的取值能设置为 1 ~ 13 吗？为什么？请在下面的方框中填写原因。

```
```

背景图片的名称为图片 1.png、图片 2.png…图片 13.png，因此可以在 for 循环内部拼接字符"背景"、变量 i 和".png"得到完整的图片名称。请在下面的方框中填写拼接图片的代码。

```
```

实操步骤2　编码实现——使用循环加载背景图片

请使用 for 循环和 foreach 循环分别改写方法 loadbgImgs( )，循环加载图片到数组 bgImgs 中，请将两种方法改写后的方法代码填写在下面的方框中。

【评价测试】

完成任务后,请进行自我评价或小组交叉互评,并将结果填入表 3-16 中。

表 3-16 学生评价表

评价指标	评价标准	分值	得分
读取背景	使用循环改写读取背景图片的代码	70	
运行结果正确	程序能正常运行,无 Bug,达到预期目标	30	

【拓展提升】

技能进阶 1　StringBulider 和 StringBuffer

拼接字符串除了使用+号之外,还可以使用 StingBuilder 或 StringBuffer 类。下面的代码演示了使用 StringBuilder 类的 append( )方法拼接字符串。

```
1.   // 程序清单 3-19
2.   public class Demo04{
3.       public static void main(String args[]){
4.           StringBuilder sb = new StringBuilder();
5.           sb.append("Java");
6.           System.out.println(sb);
7.           sb.append("程序设计");
8.           System.out.println(sb);
9.           sb.insert(8, "基础");
10.          System.out.println(sb);
11.      }
```

12. }

StringBuffer 和 StringBuilder 类似，可以尝试使用 StringBuffer 实现程序清单 3-19 的功能。但是由于 StringBuilder 相较于 StringBuffer 有速度优势，多数情况下建议使用 StringBuilder 类。

请查阅资料，在下面的方框中回答以下问题：为什么 StringBuilder 相较于 StringBuffer 有速度的优势？在什么情况下适合使用 StringBuilder？在什么情况下适合使用 StringBuffer？

请使用 StringBuffer 或 StringBuilder 修改实操步骤 2 的代码，在下面的方框中填写修改后的代码。

请查阅资料，在下面的方框中填写 String 和 StringBuilder（或 StringBuffer）的区别。

技能进阶 2　随机抽取扑克牌

磁盘上有 55 张扑克牌，命名为 1.png、2.png，…，55.png，如图 3-18 所示。扫描右方二维码可下载图片素材。

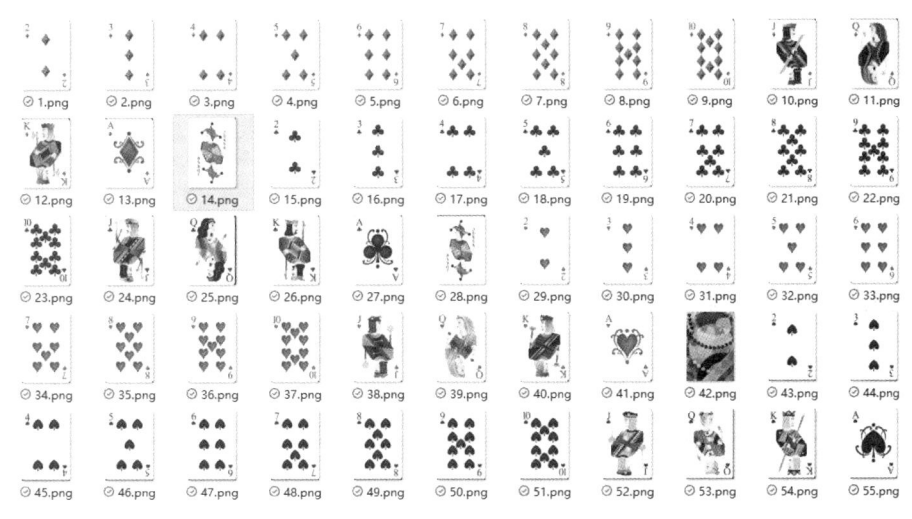

图 3-18　扑克牌

请编写程序实现当用户在窗体上单击鼠标左键时，程序随机抽取 17 张扑克牌，展现在窗体上，窗体大小为 800×200，每次点击鼠标左键，都会重新抽取扑克牌。程序运行效果如图 3-19 所示。请在下面的方框中填写随机抽取扑克牌图片的代码。

注意：第 42 张图是扑克牌背面图片，程序在抽取扑克牌时，不能抽取第 42 张图片。

图 3-19

技能进阶 3　去掉重复的扑克牌

上一步编写的代码运行时，抽取的扑克牌可能有重复的牌。请改写随机抽取扑克牌图片的代码，去掉重复的扑克牌。

技能进阶 4　使用 while 和 do while 循环

在任务实施中使用了 for、foreach 循环对数组进行了迭代。请查阅资料，使用 while 或 do while 改写循环代码，并总结使用哪一种循环更合适。请在下面的方框中填写原因。

模块 4　开发显示"Java 发展史"模块

任务 1　记录路线坐标

【需求分析】

本次任务要求大家在模块 3 的基础上新建 Java 发展历程窗口（RouteWindow 类），在窗口中显示静态的 Java 发展历程，如图 4-1 所示。从起点到终点，用鼠标依次点击路线上的关键时间节点，并将坐标保存到文本文件中。

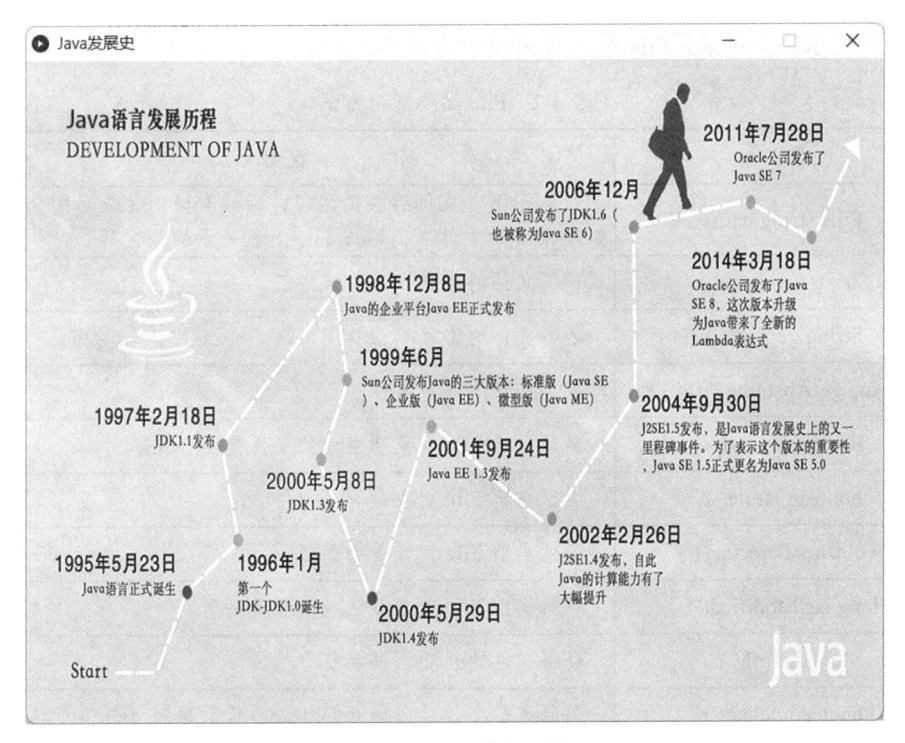

图 4-1　Java 发展历程

【学习目标】

（1）能描述在程序中使用异常处理的原因；

（2）能描述异常处理的结构；

（3）能使用 try-catch-finally 处理异常；

（4）能使用 if 语句预判程序可能出现的异常，提高程序性能；
（5）能使用 OutputStream 或 Writer 写入数据到文本文件中。

【职业证书对接】

表 4-1　大数据应用开发（Java）职业技能等级要求（中级）

工作任务	职业技能要求
Java 高级 API 编程	能熟练运用 JavaSE 中的 IO 包完成大数据文件的读写和输入输出控制
Java 高级机制编程	能运用 Java 异常处理机制编写更健壮的 Java 程序

【相关知识】

扫码加入课程。

配套 MOOC 资源

知识点 1　File 类

Java IO 包中的 File 类表示一个文件或目录，从类名上看 File 表示的是一个文件，但它也可以表示一个目录。File 类的常用方法如表 4-2 所示。

表 4-2　File 类的常用方法

方法	说明
File(String path)	如果 path 是实际存在的路径，则该 File 对象表示的是目录；如果 path 是文件名，则该 File 对象表示的是文件
String getName( )	获得文件的名称，不包括路径
String getPath( )	获得文件的路径
String getAbsolutePath( )	获得文件的绝对路径
boolean exists( )	测试当前 File 对象所表示的文件是否存在
boolean isFile( )	测试当前 File 对象是否是文件
boolean isDirectory( )	测试当前 File 对象是否是目录
long lastModified( )	获得当前 File 对象最近一次修改的时间
long length( )	获得文件的长度，以字节为单位
boolean delete( )	删除当前文件。成功返回 true，否则返回 false
File[ ] listFiles( )	获取指定文件夹下的文件或子文件夹

下面的代码演示了读取 D 盘根目录中所有的 png 和 jpeg 图片。

```
1.  //程序清单 4-1
2.  import java.io.File;
```

```
3.  /*
4.   * 列出指定文件夹下的 png、jpeg 图片
5.   */
6.  public class Demo01 {
7.      public static void main(String[] args) {
8.          File file=new File("D:/");   //file 表示 D 盘根目录
9.          File[] files=file.listFiles();
10.
11.         String name="";
12.         for (File f:files){
13.             if(f.isFile()){
14.                 name=f.getName().toLowerCase();
15.                 if(name.endsWith(".png") || name.endsWith(".jpeg")){
16.                     System.out.println(name);
17.                 }
18.             }
19.         }
20.     }
21. }
```

知识点 2　异常处理

在上面的例子中，file 对象表示 D 盘根目录。理想状态下，D 盘是一定存在的，那么代码不会报错。到目前为止，我们所写的代码都是一种理想状态，在企业开发中却可能存在各种各样的问题。假如没有 D 盘，程序会出现图 4-2 所示的错误。

```
运行:  Demo01 ×
    ↑    "C:\Program Files\Java\jdk1.8.0_191\bin\java.exe"...
    ↓    Exception in thread "main" java.lang.NullPointerException Create breakpoint
            at Demo01.main(Demo01.java:11)
         进程已结束，退出代码为 1
```

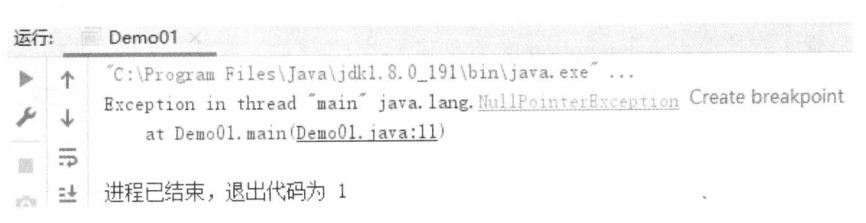

图 4-2　程序错误

图 4-2 明确告诉了开发人员"Demo01.java"的第 11 行代码发生了名叫"NullPointerExcetion"的异常。程序在运行期间遇到异常，程序会非正常终止，会对外部环境造成影响或用户数据丢失。在企业开发中，异常是不能避免的，但我们希望当遇到异常时，程序能做到：

（1）告知用户发生了什么问题；

（2）保存用户当前的数据，允许用户正常退出程序。

这就需要用到 Java 的异常处理机制。

在企业开发中有很多种情况都能导致程序出现异常，如用户输入错误的数据、文件路径不正确、网络连接失败、外部设备错误、磁盘空间不够等。Java 将可能遇到的、已知的错误封装成不同的异常类，程序员编程时捕获相应的异常类，即可对异常进行处理，避免程序非正常终止。

异常被封装为 Exception 类，处理所有的错误（已知、未知都可以处理）。此外还有 Throwable 和 Error 类，在整个异常处理体系中，Throwable 是最顶层的类（Throwable 是 Exception 和 Error 的父类，它们都是 Throwable 的子类关于类的父子关系，将在后面的任务中详细介绍）。常见异常类的层次关系如图 4-3 所示。

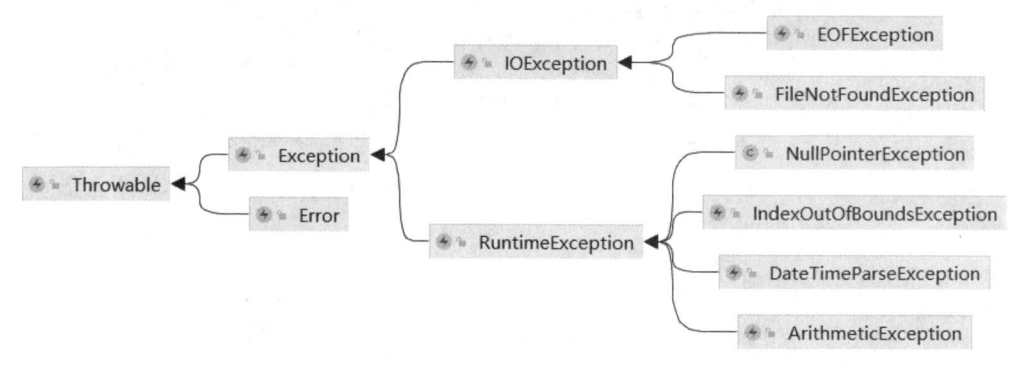

图 4-3 异常类

Error 及其子类表示 Java 内部错误，是程序无法恢复的严重错误，程序员根本无能为力，只能让程序终止。这种情况很少出现。

Exception 及其子类是程序员可以处理的，例如除零异常（ArithmeticException）、空指针异常（NullPointerException）、文件不存在异常（FileNotFoundException）等。我们主要讨论的就是 Exception 及其子类。

从图 4-3 中可以看出，Exception 分为运行时异常（RuntimeException 及其子类）和受检查异常（直接继承自 Exception 的类及其子类）。

运行时异常的共同特点是：编译器不检查这类异常是否进行了处理，也就是对于这类异常不捕获也不抛出（捕获 try-catch 和抛出 throws 异常随后介绍），程序也可以正常通过编译。由于没有进行异常处理，一旦运行时发生异常就会导致程序的终止，这是用户不希望看到的。

受检查异常的共同特点是：编译器会检查这类异常是否进行了处理，即要么捕获（try-catch 语句），要么抛出（通过在方法后声明 throws），否则会发生编译错误。

捕获异常是通过 try-catch 语句实现的。最基本的 try-catch 语句语法如下：

```
try{
//可能会发生异常的语句
} catch(Throwable e){
```

```
    //处理异常 e
}
```

try 代码块中应该包含程序执行过程中可能会发生异常的语句。

下面的代码是在程序清单 4-1 的基础上添加了 try-catch 语句处理空指针异常（NullPointerException）。

```java
1.  //程序清单 4-2
2.  import java.io.File;
3.
4.  public class Demo02 {
5.      public static void main(String[] args) {
6.          try{
7.              File file=new File("F:/");
8.              File[] files=file.listFiles();
9.
10.             String name="";
11.             for (File f:files){
12.                 if(f.isFile()){
13.                     name=f.getName().toLowerCase();
14.                     if(name.endsWith(".png") || name.endsWith(".jpeg")){
15.                         System.out.println(name);
16.                     }
17.                 }
18.             }
19.         }
20.         catch (NullPointerException ex){
21.             ex.printStackTrace();
22.             System.out.println("目录不存在，程序正常退出...");
23.         }
24.     }
25. }
```

> **小提示**
>
> 所有的异常类都直接或间接地继承自 java.lang.Throwable 类，在 Throwable 类中有几个非常重要的方法：
> String getMessage()：获得发生异常的详细消息。
> void printStackTrace()：打印异常堆栈跟踪信息。
> String toString()：获得异常对象的描述信息。

我们知道由于文件不存在，第 7 行代码得到的 file 对象为 null，所以在执行第 8 行代码时会发生 NullPointerException 异常，会被第 20 行的 catch 块捕获，并在 catch 块中在控制台打印了异常堆栈跟踪信息和"目录不存在，程序正常退出..."的提示信息。

在企业开发中，对于不能预先判断的异常才使用 try-catch 捕获的方式处理，对于能够预判的异常通常不会采用抛出或捕获的处理方式，而是应该使用 if 语句提前预判，防止程序发生异常，做到未雨绸缪。例如 IndexOutOfBoundsException、NullPointerException 等都需要提前预判。这种处理方式能提升程序的性能，并且代码的可读性也会提高许多。

在程序清单 4-2 中，应该在执行第 8 行代码之前提前判断 file 对象是不是 null，因为如果文件路径是错误的，那么 file 对象就是 null，如果 file 对象不是 null，再执行第 8 行。修改示例代码如下，从代码可见，使用 if 语句提前预判的处理方式要比使用 try-catch 捕获异常要友好得多。下面是修改后的代码。

```
1.  //程序清单 4-3
2.  import Java.io.File;
3.
4.  public class Demo03 {
5.      public static void main(String[] args) {
6.          File file = new File("F:/");
7.          if(file==null){   // 提前判断 file 是否为 null
8.              System.out.println("目录不存在，程序正常退出......");
9.          }
10.         File[] files = file.listFiles();
11.
12.         String name = "";
13.         for (File f : files) {
14.             if (f.isFile()) {
15.                 name = f.getName().toLowerCase();
16.                 if (name.endsWith(".png") || name.endsWith(".jpeg")){
17.                     System.out.println(name);
18.                 }
19.             }
20.         }
21.     }
22. }
```

try-catch 语句后面还可以跟一个 finally 块，try-catch-finally 语法如下：

```
try{
    //可能会生成异常语句
} catch(Throwable e1){
```

```
        //处理异常 e1
} catch(Throwable e2){
        //处理异常 e1
} catch(Throwable eN){
        //处理异常 eN
} finally{
    //释放资源
}
```

无论 try 语句块是否发生了异常，finally 块都会执行，流程如图 4-4 所示。

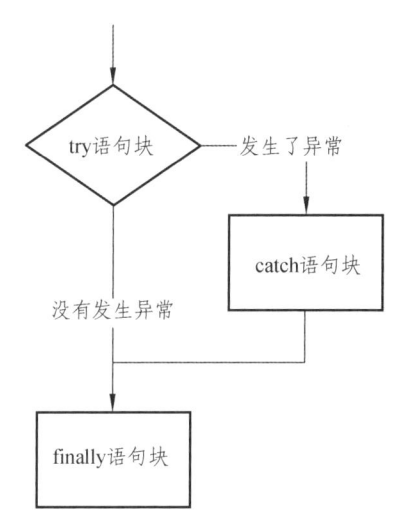

图 4-4 执行流程

下面的代码演示了 try-catch-finally 的执行流程。

```
1.   // 程序清单 4-4
2.   public class Deom04 {
3.       public static void main(String[] args) {
4.           try{
5.               int a,b,c;
6.               a=10;
7.               b=0;
8.               c=a/b;
9.               System.out.println(c);
10.          }
11.          catch (ArithmeticException ex){
12.              System.out.println("异常被捕获了");
13.              ex.printStackTrace();
14.          }
15.          finally {
16.              System.out.println("finally 块被调用了");
```

```
17.        }
18.    }
19. }
```

第 8 行代码除数 b 为 0，会发生除 0 异常。catch 块会捕获异常，然后再执行 finally 块。运行结果如图 4-5 所示。

```
D:\Environment\Java\jdk1.8.0_191\bin\java.exe ...
java.lang.ArithmeticException Create breakpoint : / by zero
    at Deom07.main(Deom07.java:7)
finally块被调用了
```

图 4-5　运行结果

知识点 3　将数据写入文件

将程序中的数据写入文件，这需要使用"流"。Java 将数据的输入/输出（I/O）操作当作"流"来处理。"流"是一组有序的数据序列。"流"分为两种形式：输入流和输出流，从数据源中读取数据用的是输入流，将数据写入目的地用的是输出流。

I/O 是指，以 CPU 为中心，从外部设备读取数据到内存就是输入（Input，缩写为 I）；将内存中的数据写入外部设备就是输出（Output，缩写为 O）。所以输入/输出简称为 I/O。I/O 流示意如图 4-6 所示。

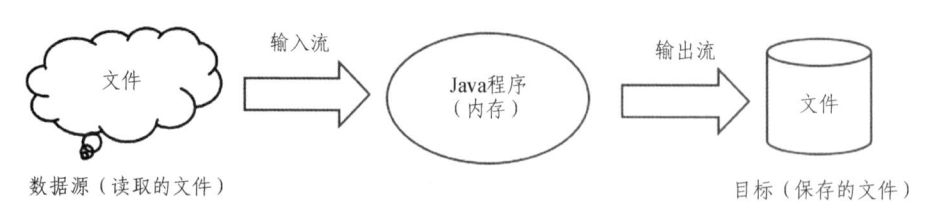

图 4-6　I/O 流示意图

将内存中的数据写入文件，主要有两种方式：以二进制的形式写入或以字符的形式写入。以二进制的方式写入需要用到 OutputStream 抽象类及其子类，以字符的形式写入需要用到 Writer 抽象类及其子类，如图 4-7 和图 4-8 所示。

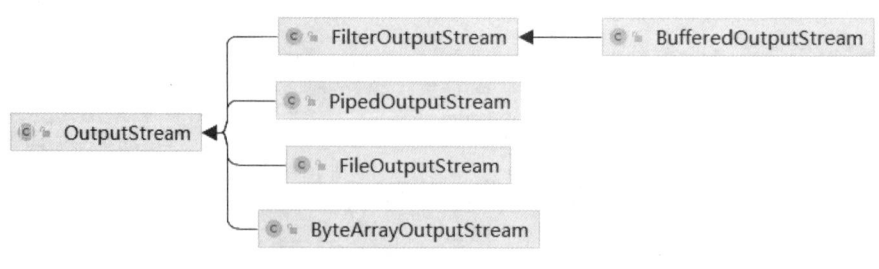

图 4-7　OutputStream 抽象类

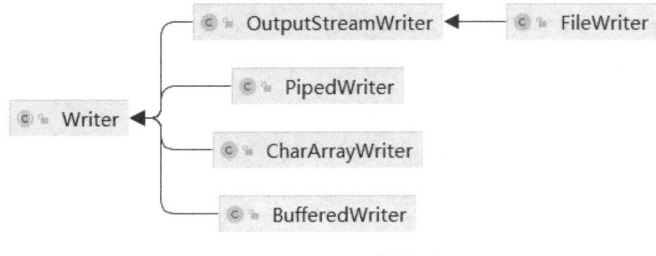

图 4-8 Writer 抽象类

OutputStream 是抽象类，不能使用 new 实例化。可以使用 new 创建其子类对象，再赋值给抽象类对象。

```
1.  //程序清单 4-5
2.  try {
3.      OutputStream fs=new FileOutputStream("D:/test.txt");
4.  } catch (FileNotFoundException e) {
5.      e.printStackTrace();
6.  }
```

上面的代码表示在内存和 D 盘根目录的文件 test.txt 之间创建了一个输出流对象 fs，可以使用 OutputStream 类提供的方法将内存中的数据写入文件中。调用 FileOutputStream 类的构造方法可能会产生 FileNotFoundException，因此需要处理异常。

OutputStream 类定义了很多方法，常用方法如表 4-3 所示。

表 4-3 OutputStream 类的常用方法

方法	说明
void write(int b)	将 b 写入输出流。b 是 4 字节的整数，写入时只会写入低 8 位的数据
void write(byte b[ ])	将字节数组 b 中所有的数据输写入输出流
void write(byte b[ ], int off, int len)	将字节数组 b 中的数据从下标 off 开始、长度为 len 的字节写入输出流
void flush( )	清空输出流，并输出所有被缓存的字节到流中
void close( )	关闭流（流操作完毕后必须关闭）

下面的代码演示了使用 OutputStream 类的 write( )方法写入数据到文件中。

```
1.  //程序清单 4-6
2.  import java.io.FileNotFoundException;
3.  import java.io.FileOutputStream;
4.  import java.io.IOException;
5.  import java.io.OutputStream;
6.  
7.  public class Demo05 {
```

```java
8.      public static void main(String[] args) {
9.          OutputStream os=null;
10.         try {
11.             os=new FileOutputStream("D:/test.txt");
12.             os.write(97);// 写入 97（字符 a）到文件中
13.
14.             byte[] buffer=new byte[]{97,98,99,100};
15.             os.write(buffer);
16.         } catch (FileNotFoundException e) {
17.             e.printStackTrace();
18.         } catch (IOException e) {
19.             e.printStackTrace();
20.         } finally {
21.             if(os!=null){
22.                 try {
23.                     os.close();
24.                 } catch (IOException e) {
25.                     e.printStackTrace();
26.                 }
27.             }
28.         }
29.     }
30. }
```

Writer 类定义了许多方法，常用方法如表 4-4 所示。

表 4-4 Writer 类的常用方法

方法	说明
void write(int c)	将整数值为 c 的字符写入输出流，c 是 int 类型，占有 32 位，写入过程是写入 c 的 16 个低位，c 的 16 个高位将被忽略
void write(char[ ] cbuf)	将字符数组 cbuf 写入输出流
void write(char[ ] cbuf, int off, int len)	把字符数组 cbuf 中从下标 off 开始、长度为 len 的字符写入输出流
void write(String str)	将字符串 str 中的字符写入输出流
void write(String str,int off,int len)	将字符串 str 中从索引 off 开始的 len 个字符写入输出流
void flush( )	清空输出流，并输出所有被缓存的字节到输出流
void close( )	关闭流（流操作完毕后必须关闭）

下面的代码演示了使用 Writer 类的 write( )方法写入数据到文件中。

```java
1.  //程序清单 4-7
2.  import java.io.*;
3.
4.  public class Demo06 {
5.      public static void main(String[] args) {
6.          Writer ws=null;
7.          try {
8.              ws=new FileWriter("D:/test.txt");
9.              ws.write(97);//写入 97 到文件中
10.
11.             char[ ] buffer=new char[ ]{97,98,99,100};
12.             ws.write(buffer);
13.             ws.write("helloworld");
14.         } catch (FileNotFoundException e) {
15.             e.printStackTrace( );
16.         } catch (IOException e) {
17.             e.printStackTrace();
18.         } finally {
19.             if(ws!=null){
20.                 try {
21.                     ws.close();
22.                 } catch (IOException e) {
23.                     e.printStackTrace();
24.                 }
25.             }
26.         }
27.     }
28. }
```

知识点 4　对话框

JoptionPane 类是 swing 组件中专门用来弹出标准对话框的类,使用时要先导入该类。对话框主要有 4 种类型,如表 4-5 所示。其完整用法参见 JDK 帮助文档。

表 4-5　JoptionPane 常用的 4 种对话框

方法	说明
showConfirmDialog( )	确认对话框
showInputDialog( )	输入对话框
showMessageDialog( )	消息对话框
showOptionDialog( )	选择对话框

下面的代码演示了在 Processing 窗口中单击鼠标左键弹出一个确认对话框。

```
1.  //程序清单 4-8
2.  import processing.core.PApplet;
3.  import javax.swing.*;   //导入 swing 包
4.
5.  public class Demo07 extends PApplet {
6.      public void settings(){
7.          size(400,300);
8.      }
9.      public void setup(){
10.     }
11.     public void draw(){
12.     }
13.     public void mousePressed(){
14.         if(mouseButton==LEFT){   // 判断是否点击了鼠标左键
15.             int num= JOptionPane.showConfirmDialog(null,"提示类容","提示标题", JOptionPane.YES_NO_OPTION);
16.             System.out.println(num);
17.         }
18.     }
19. }
```

其中第 15 行代码显示对话框，对话框中有两个按钮"是"和"否"。当用户点击"是"时，num 的值为 0；当用户点击按钮"否"时，num 的值为 1。可以判断变量 num 的值，从而知道用户点击的按钮。

【任务实施】

扫描右方二维码下载 Java 发展路线图。

Java 发展路线图

实操步骤 1　分析设计

本次任务的设计思路是创建窗口类 RouteWindow，先在窗口中显示 data/route 文件夹中名称为"路线.png"的图片，如图 4-9 所示。然后编写程序动态获取图 4-9 圆圈的坐标，将坐标存储在文件 data/route/locations.txt 中。

我们可以编写程序实时获取鼠标的位置，当用户用鼠标左键点击路线上的圆圈时，实时获取鼠标在窗口上的坐标，并将坐标记录在 data/route/locations.txt 文件中。如果 data/route /目录下存在 locations.txt 文件，提示用户是否覆盖文件，如果用户选择"是"，删除 locations.txt 文件，选择"否"，不记录鼠标的位置。

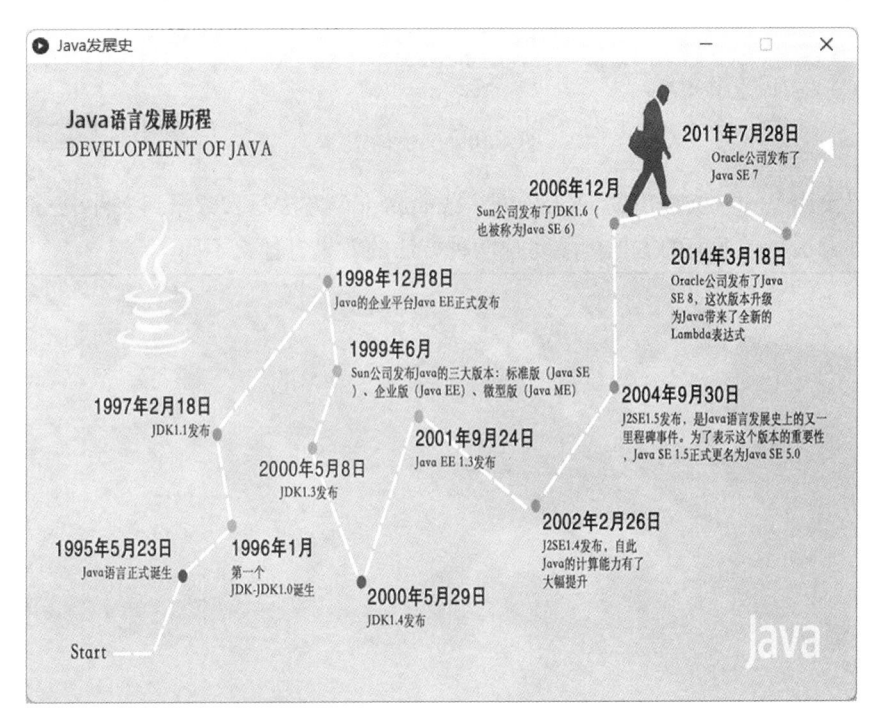

图 4-9　Java 语言发展历程

实操步骤 2　编码实现——显示背景图片

创建类 RouteWindow 继承自 PApplet，窗口大小为 800×600，在窗口中显示名称为"路线.png"的图片。

实操步骤 3　编码实现——判断 locations.txt 文件是否存在

要将鼠标的坐标位置记录在"locations.txt"文件中，首先需要知道目录中是否存在"locations.txt"文件。

在 RouteWindow 类中编写方法 public void mousePressed( )，单击鼠标左键，使用 if 语句结合 File 类的 exists( )方法判断 data/route 文件夹下是否存在 locations.txt 文件。如

果文件不存在，则创建 File 对象 f，表示 data/route/locatios.txt 文件。

实操步骤 4 　编码实现——记录坐标

在实操步骤 3 的基础上，编写代码动态获取鼠标的坐标，并将坐标保存在 data/route/locatios.txt 文件中。

每一个坐标占一行，第一个整数表示 x 坐标，第二个整数表示 y 坐标，使用逗号分隔。locations.txt 的文件格式如图 4-10 所示。

```
695,551
538,546
404,463
347,445
```

图 4-10 　文件格式

可以使用 Writer 类提供的 write( )方法或 append( )方法写入数据到文件中。请分别试试这两种方法，在下面的方框中填写这两种方法的效果有什么不同。

实操步骤 5 　编码实现——连续记录坐标

在实操步骤 4 中记录鼠标坐标的代码并不完善，都有一定的 Bug，要么只能记录一个坐标，要么不能清空以前记录的坐标。

那么，如何实现既能连续记录坐标，又能实现当用户想要清空之间记录的坐标时重新开始记录呢？

要连续记录坐标，要使用 Writer 类的 append( )方法，不能使用 write( )方法。

可以在窗体上新增一个删除按钮，当用户单击删除按钮时，使用 JoptionPane 类弹出对话框询问用户是否删除 locations.txt 文件，如果用户选择"是"，则删除 locations.txt 文件；如果用户选择"否"，则保留文件，如图 4-11 所示。

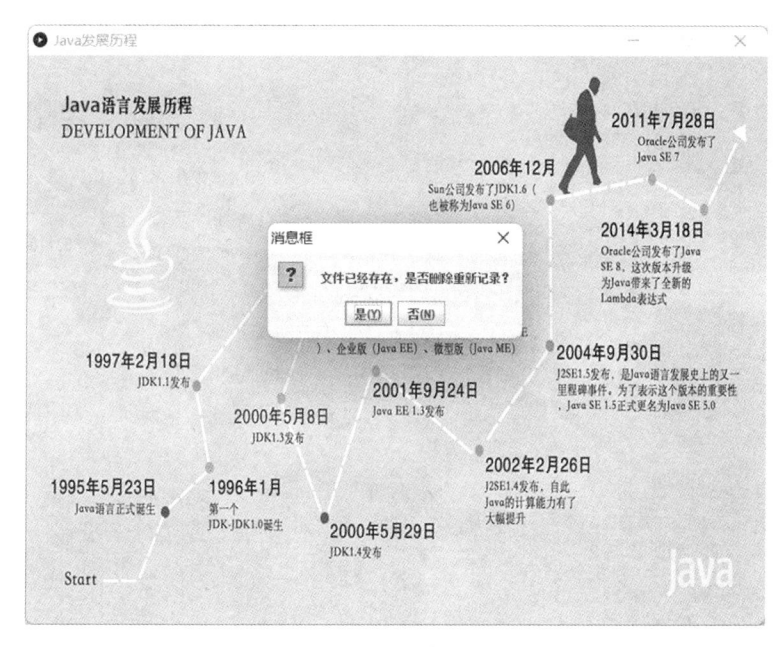

图 4-11　是否删除文件

实操步骤 6　编码实现——记录时间节点和事件

使用 JoptionPane 类的 showInputDialog( )方法接收用户输入的事件节点和事件名称，将时间节点、发生的事件名称存入 locations.txt 中，如图 4-12 所示。locations.txt 文件格式如图 4-13 所示。

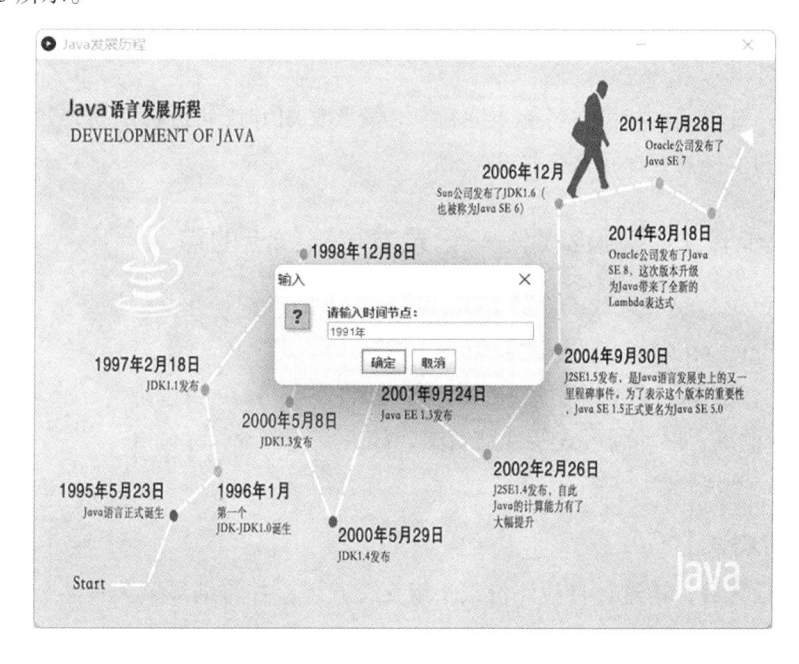

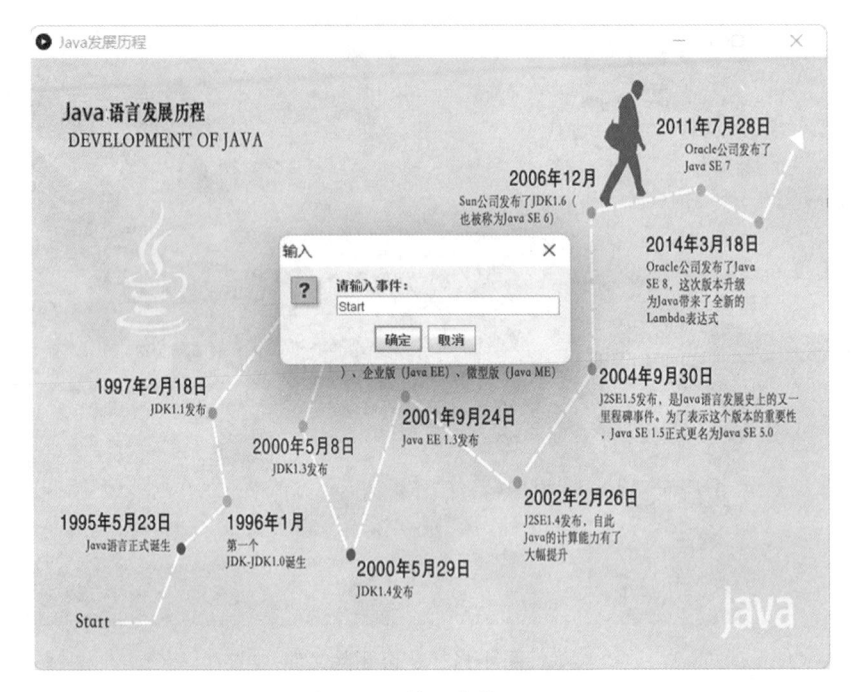

图 4-12　输入事件

```
1    84,555,1991年,Start
2    149,480,1995年5月23日,Java诞生
3    195,436,1996年1月,JDK1.0发布
4    184,348,1997年2月18日,JDK1.1发布
5    292,206,1998年12月8日,Java EE发布
```

图 4-13　文件格式

注意：时间节点和事件名称不能为空，需要使用 if 语句进行判断，如果不为空再将时间节点和事件名称保存在文件中。

实操步骤 7　编码实现——记录发展路线上的点

参照记录时间节点和事件的方法，将路线上的点记录在文件 data/route/lines.txt 中，文件格式如图 4-14 所示。

注意：记录的点要尽可能多，因为我们将在任务 6 中读取 lines.txt 中的点，以动画形式展现路线图，如果点比较少，动画会显得卡顿，不流畅。

```
694,552
679,556
677,556
672,556
669,556
666,556
```

图 4-14　文件格式

【评价测试】

完成任务后，请进行自我评价或小组交叉互评，并将结果填入表 4-6 中。

表 4-6 学生评价表

评价指标	评价标准	分值	得分
点击鼠标提示文件是否存在	能正确提示文件是否存在	10	
文件只能被删除一次	如果文件存在，用户选择了删除后，不再提示。如果用户选择否，然后再单击鼠标，则再次提示	30	
能正确记录坐标	能正确记录用户点击坐标；能正确连续记录坐标	40	
运行结果	程序能正常运行，无 Bug，达到预期目标	20	

【拓展提升】

技能进阶 1　处理多个异常

如果 try 代码块中的语句可能发生多个种类不同的异常，可以在 try 块后面跟有多个 catch 块分别处理不同的异常。语法如下：

```
try{
    //可能会发生异常的语句
} catch(Throwable e){
    //处理异常 e
} catch(Throwable e){
    //处理异常 e
} catch(Throwable e){
    //处理异常 e
}
```

在多个 catch 块的情况下，当一个 catch 块捕获到一个异常时，其他的 catch 块就不再进行匹配。

> 小提示
> 　　当捕获的多个异常类之间存在父子关系时，捕获异常顺序与 catch 块的顺序有关。一般先捕获子类，后捕获父类，否则子类异常是捕获不到的。

技能进阶 2　简化异常处理代码

当代码引发多个种类不同的异常，但捕获后处理方式相同时，请看下面的代码：

```
1.  try{
2.      //可能会发生异常的语句
3.  }catch (NullPointerException e) {
```

```
4.        //处理空指针异常
5.
6.    }catch (FileNotFoundException e) {
7.        //处理文件不存在的异常
8.
9.    } catch (IOException e) {
10.       //处理其他 IO 异常
11.
12.   }
```

3 个不同类型的异常，处理方式都是相同的，上面的代码就显得比较烦琐，这就可以使用 JDK 7 中新推出的多重异常捕获（multi-catch），简化代码。代码修改如下：

```
1.    try{
2.        //可能会发生异常的语句
3.    }catch (NullPointerException | FileNotFoundException|
4.            IOException e) {
5.        //处理异常的代码
6.
7.    }
```

在 catch 中多重捕获异常用"|"运算符连接不同的异常类型。

技能进阶 3   使用 FileOutputStream 记录坐标

请查阅 JDK 帮助文档，调用构造方法 FileOutputStream(String name, boolean append) 创建二进制流对象，以写入二进制的形式记录时间节点和事件。

任务 2   读取时间节点坐标

【需求分析】

本次任务要求大家能创建窗口类 RouteWindow2，读取任务 1 中保存在 data/route/locations.txt 文件中的坐标、时间节点和事件，并将坐标保存到两个整型数组（分别保存 x 坐标和 y 坐标）中，将时间节点和事件名称保存到 String 类型的数组中。

【学习目标】

（1）能使用 InputStream 或 Reader 读取磁盘上的文件；
（2）能使用包装类按行读取文件中的数据；

（3）能使用 String 类的常用方法拆解字符串，提取需要的数据；
（4）能使用包装类将 String 类型的数据转换为值类型。

【职业证书对接】

表 4-7　大数据应用开发（Java）职业技能等级要求（中级）

工作任务	职业技能要求
Java 高级 API 编程	能熟练运用 JavaSE 中的 IO 包完成大数据文件的读写和输入输出控制
Java 高级机制编程	能运用 Java 异常处理机制编写更健壮的 Java 程序

【相关知识】

扫码加入课程。

配套 MOOC 资源

知识点 1　读取磁盘上的文件

读取磁盘上的文件，主要有两种方式：以二进制的形式读取或以字符的形式读取。以二进制的方式读取需要用到 InputStream 抽象类及其子类，以字符的形式读取需要用到 Reader 抽象类及其子类，如图 4-15 和图 4-16 所示。

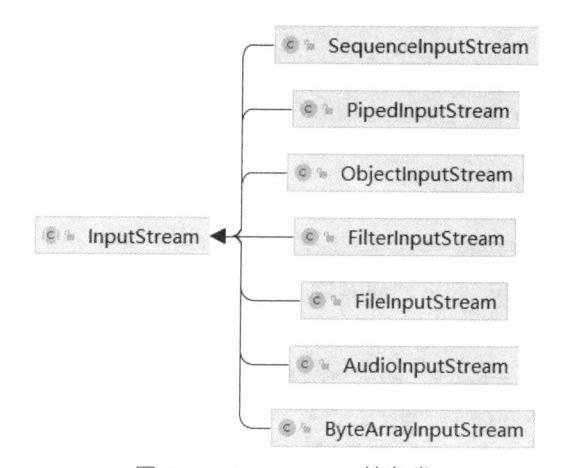

图 4-15　InputStream 抽象类

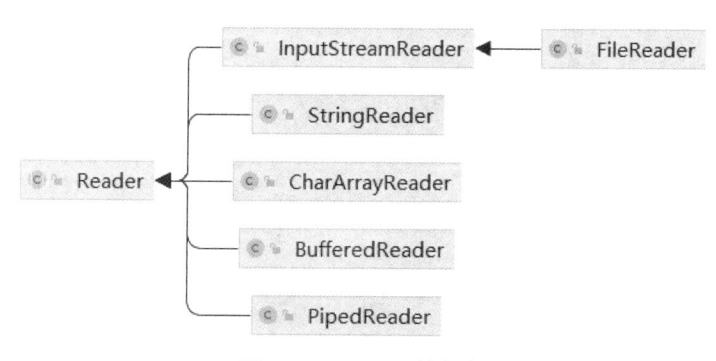

图 4-16　Reader 抽象类

InputStream 类定义了很多方法，常用方法如表 4-8 所示。

表 4-8 InputStream 类的常用方法

方法	说明
int read( )	读取一个字节，返回 0~255 范围内的 int 字节值。如果因为已经到达流末尾，而且没有可用的字节，则返回值 -1
int read(byte b[ ])	读取多个字节，数据放到字节数组 b 中，返回值为实际读取的字节的数量，如果已经到达流末尾，而且没有可用的字节，则返回值 -1
int read(byte b[ ], int off, int len)	最多读取 len 个字节，数据放到以下标 off 开始的字节数组 b 中，将读取的第一个字节存储在元素 b[off] 中，下一个存储在 b[off+1] 中，以此类推。返回值为实际读取到的字节的数量，如果已经到达流末尾，而且没有可用的字节，则返回值 -1
void close( )	关闭流（流操作完毕后必须关闭）

下面的代码演示了使用 InputStream 类的 read(byte b[ ]) 方法读取磁盘上的文本文件，并将文件内容打印到控制台中。

```java
1.  //程序清单 4-9
2.  import java.io.FileInputStream;
3.  import java.io.FileNotFoundException;
4.  import java.io.IOException;
5.  import java.io.InputStream;
6.
7.  public class Demo01 {
8.      public static void main(String[] args) {
9.          InputStream is=null;
10.         try {
11.             is=new FileInputStream("D:/test.txt");
12.             // 创建缓冲区
13.             byte[] buffer = new byte[1024];
14.             int len=-1;
15.             do{
16.                 len=is.read(buffer);
17.                 if(len>0) {
18.                     //将读取的二进制数据编码为字符串，打印到控制台中
19.                     String str = new String(buffer, 0, len, "UTF-8");
20.                     System.out.println(str);
21.                 }
22.             }while (len!=-1);
```

```
23.        } catch (FileNotFoundException e) {
24.            e.printStackTrace();
25.        } catch (IOException e) {
26.            e.printStackTrace();
27.        } finally {
28.            if(is!=null){
29.                try {
30.                    is.close();
31.                } catch (IOException e) {
32.                    e.printStackTrace();
33.                }
34.            }
35.        }
36.    }
37. }
```

第 11 行代码创建了 FileInputStream 对象 is，表示通过 is 读取的是 D 盘根目录下的文件 test.txt 的数据。16 行代码读取 1024 个字节到字节数组 buffer 中，19~20 行代码以 UTF-8 编码将字节数组转换成 String，输出到控制台中。

Reader 类定义了很多方法，常用方法如表 4-9 所示。

表 4-9 Reader 类的常用方法

方法	说明
int read( )	读取一个字符，返回值范围在 0~65535(0x00~0xffff)。如果已经到达流末尾，则返回值 −1
int read(char[ ] buffer)	将字符读入数组 buffer 中，返回值为实际读取的字符的个数，如果已经到达流末尾，则返回值 −1
int read(char[ ] buffer, int off, int len)	最多读取 len 个字符，数据放到以下标 off 开始的字符数组 buffer 中，将读取的第一个字符存储在元素 buffer[off]中，下一个存储在 buffer[off+1]中，以此类推。返回值为实际读取的字符的数量，如果已经到达流末尾，则返回值 −1
void close( )	关闭流（流操作完毕后必须关闭）

下面的代码演示了使用 Reader 类的 read(char[ ] buffer)方法读取磁盘上的文本文件，并将文件内容打印到控制台中。

```
1. //程序清单 4-10
2. import java.io.*;
3.
4. public class Demo02 {
```

```java
5.      public static void main(String[] args) {
6.          Reader is=null;
7.          try {
8.              is=new FileReader("D:/test.txt");
9.              // 创建缓冲区
10.             char[ ] buffer = new char[1024];
11.             int len=-1;
12.             do{
13.                 len=is.read(buffer);
14.                 if(len>0) {
15.                     String str = new String(buffer, 0, len);
16.                     System.out.println(str);
17.                 }
18.             }while (len!=-1);
19.         } catch (FileNotFoundException e) {
20.             e.printStackTrace();
21.         } catch (IOException e) {
22.             e.printStackTrace();
23.         } finally {
24.             if(is!=null){
25.                 try {
26.                     is.close();
27.                 } catch (IOException e) {
28.                     e.printStackTrace();
29.                 }
30.             }
31.         }
32.     }
33. }
```

第 8 行代码创建 FileReader 的对象 is，第 13 行代码读取 1024 个字符存储在字符数组 buffer 中，与程序清单 4-9 不同的是，这里读取的是字符，而程序清单 4-9 读取的是字节。15～16 行代码将字符数组 buffer 转换为 String，输出到控制台中。

知识点 2　字符串拆分

在模块 3 任务 6 中已经学习过 String 字符串，也知道 String 类提供了许多方法可以帮助我们快速地进行开发。其中 split( )方法可以对字符进行拆解。其主要作用是将字符串分解成一个数组。下面的案例就是将字符串"12,34"以逗号拆分，存放到字符串数组 strs 中。

```
1.  //程序清单 4-11
2.  public class Demo03 {
3.      public static void main(String[] args) {
4.          String str="12,34";
5.          String[] strs=str.split(",");
6.          System.out.println(strs.length);//数组的长度是 2
7.          //分别输出 12 和 34
8.          for(String s:strs){
9.              System.out.println(s);
10.         }
11.     }
12. }
```

知识点 3　将 String 类型的数据转换为 int

Java 中提供了包装类 Integer，表示引用类型的整数。使用 Integer 类提供的 parseInt( ) 或 valueOf( ) 方法可以将 String 类型的数据转换为 int。

```
1.  String str="12";
2.  int x=Integer.valueOf(str);
3.  System.out.println(x);
4.  x=Integer.parseInt(str);
5.  System.out.println(x);
```

如果字符串中含有非数字的字符，转换会失败，程序会抛出异常 NumberFormatException。因此，需要使用 try-catch-finally 捕获异常，防止程序因为异常而中断。

【任务实施】

可以使用上一个任务创建的 locations.txt 文件，也可以扫描右方二维码下载 locations.txt 文件。

locations.txt 文件

实操步骤 1　分析——读取文件的方式

在上一个任务中，已经将坐标记录在 data/route/locations.txt 文件中，本次任务编写程序读取 data/route/locations.txt 文件中的坐标信息。

分析文件可知，每个点的坐标占一行，因此可以按行读取坐标信息。

根据知识点 1 "读取磁盘上的文件"，我们知道读取文件可以使用 InputStream 或 Reader。locations.txt 文件中存放的是字符信息，因此可以选用 Reader 类及其子类读取文件中的数据。

可以使用 Reader 类的 read( )、read(char[ ] buffer)、read(char[ ] buffer,int off,int len) 读取文件中的数据，但是这些方法都不能按行读取，故需要引入 BufferedReader 类。

BufferedReader 类的常用方法如表 4-10 所示。

表 4-10 BufferedReader 类的常用方法

方法	说明
BufferedReader(Reader in)	构造方法，基于 Reader 类的对象创建一个对象
String readLine( )	从流中读取一行文本，如果到达了流的末尾，返回 null
void close( )	关闭流

下面的代码演示了使用 BufferedReader 按行读取文本文件中的数据。

```java
// 程序清单 4-12
import java.io.BufferedReader;
import java.io.FileNotFoundException;
import java.io.FileReader;
import java.io.IOException;

public class Demo04 {
    public static void main(String[] args) {
        try {
            FileReader fr=new FileReader("D:/test.txt");
            BufferedReader br=new BufferedReader(fr);

            String line;
            while((line=br.readLine())!=null){
                System.out.println(line);
            }
        } catch (FileNotFoundException e) {
            e.printStackTrace();
        } catch (IOException e) {
            e.printStackTrace();
        }
```

```
22.      }
23. }
```

可以参照程序清单 4-12 使用 BufferedReader 按行读取 data/route/locations.txt 中的坐标信息。

实操步骤 2　编码实现——创建数组记录时间节点坐标

要创建记录时间节点坐标的数组，首先要知道有多少个坐标。一个坐标为一行，因此只需要统计 data/ route/locations.txt 文件有多少行数据即可。

增加一个整型变量 lines，初始值为 0。循环读取文件，每读取一行将 lines 的值增加 1。然后再根据变量 lines，动态创建整型数组 x 和 y，用来存储 x 坐标和 y 坐标；动态创建字符串数组 times，用来存储时间节点；动态创建字符串数组 events，用来存储事件。

实操步骤 3　编码实现——拆解坐标

在实操步骤 2 的基础上，循环使用 String 类的 split( )方法，拆解每一行数据。由于拆解出来的数据类型是 String，还需要使用 Integer 提供的方法将 x 坐标和 y 坐标转换为整型。

将坐标信息、时间节点和事件依次存储到数组 x、y、names 和 events 中。

【评价测试】

完成任务后，请进行自我评价或小组交叉互评，并将结果填入表 4-11 中。

表 4-11　学生评价表

评价指标	评价标准	分值	得分
读取 locations.txt 文件	能正确从 locations.txt 文件中将数据读出，没有异常；文件使用的是相对路径，不是绝对路径	30	
数据类型转换	能正确将 String 类型的数据转换为 int	20	
将信息存放到数组中	能将位置的 x 坐标和 y 坐标分别存放到整型数组 x 和 y 中，将时间节点存放到 times 数组中，事件存放到 events 数组中	30	
运行结果	程序能正常运行，无 Bug，达到预期目标	20	

【拓展提升】

技能进阶 1　将 String 类型的数据转换为 double

Java 还提供了其他的包装类，能将 String 类型转换为 double、short、long 等，如表 4-12 所示。

表 4-12　Java 中的包装类

包装类	说明
Byte	byte 的包装类
Boolean	boolean 的包装类
Short	short 的包装类
Character	char 的包装类
Integer	int 的包装类
Long	long 的包装类
Float	float 的包装类
Double	double 的包装类

技能进阶 2　拷贝任意文件

可以使用 InputStream 类读取磁盘上的任意文件，使用 OutputStream 将文件转存到目标路径，实现任意文件的拷贝。

技能进阶 3　中文乱码

你在读取包含中文的文本文件时是否遇到过乱码的情况？请查阅资料试着解决这个问题。

任务 3　识别类和类的属性

【需求分析】

本次任务要求大家能根据需求识别"Java 发展史"模块中的类，在任务 2 的基础上定义 Location 类表示坐标，创建基于 Location 类的对象数组，将 data/route/locations.txt 文件中的信息读入对象数组中。

【学习目标】

（1）能根据需求识别系统中的类；
（2）能根据需求识别类的属性；
（3）能编写类及类的属性代码；
（4）能使用对象数组存储多个对象；
（5）能描述类之间的关系。

【职业证书对接】

表 4-13　大数据应用开发（Java）职业技能等级要求（初级）

工作任务	职业技能要求
面向对象代码编写	理解类和对象机制，熟练运用 Java 的面向对象机制，用"类"的语法封装对象的行为和状态

【相关知识】

扫码加入课程。

配套 MOOC 资源

知识点 1　识别类

传统面向过程编程中（如 C 语言），都是从 main( ) 函数开始的，是根据数据的走向"自顶向下"进行编程。软件行业追求的是可维护性高，也就是说程序要"可理解、可测试和可修改"。现代软件开发，功能越来越多，软件代码越来越多，如果采用面向过程编程，会导致各个模块之间的耦合度较高，可维护性较差。面向对象编程各模块之间的耦合度较低，可以很好地提高软件的可维护性。

采用面向对象编程，对于初学者来说常常会感觉无从下手。那怎么办呢？当然是先从设计类开始。设计一个类首先要能找到系统中的名词。

在前面的任务中讲到过"一个程序，一个世界"，程序是对客观世界的模拟和呈现。客观世界中有的人、物体等实体在程序中都是通过类来呈现的。

假设要设计一个购物系统，在系统中有商品、购物用户、订单等名词，那么就可以将这些名词定义为类。

```
1.   //购物用户类
2.   public class Customer{
3.   }
4.   //产品类
5.   public class Product{
6.   }
7.   //订单类
8.   public class Order{
9.   }
```

假设你要设计一个图书管理系统，请尝试分析客观世界中有什么事物，应该定义哪些类描述客观世界的事物。请在下面的方框中写上你的答案。

知识点 2　识别类的属性

客户在使用购物系统时，会输入账号、密码等信息，注册时，会填写自己的出生日期、电话号码等信息。这些信息都是用来描述客户的。在 Java 中，我们称这些信息为属性，通常是在类中定义成员变量描述类的属性。

```
1.  // 程序清单 4-13
2.  import java.util.Date;
3.
4.  public class Customer {
5.      private String name;      // 客户名称
6.      private String password;  // 密码
7.      private String tel;       // 电话号码
8.      private Date birthday;    // 出生日期
9.  }
```

在上面的代码中定义了购物系统中的客户类（Customer），请试着分析产品的属性，定义成员变量表示产品属性，并完善产品类（Product）。

请分析订单的属性，并定义订单类（Order）。

知识点 3　getter 和 setter

通常类中的成员变量使用 private 修饰，在类的外部无法访问成员变量，需要在类中编写方法用来设置、获取类的成员变量。方法的命名通常约定为 get×××、set×××。我们称之为 getter 和 setter。

下面的代码演示了 Customer 类 birthday 成员变量的 getter 和 setter 方法。

```
1.  // 程序清单 4-14
2.  import java.util.Date;
3.
4.  public class Customer {
```

```
5.      private String name;
6.      private String password;
7.      private String tel;
8.      private Date birthday;
9.
10.     public Date getBirthday() {
11.         return birthday;
12.     }
13.
14.     public void setBirthday(Date birthday) {
15.         this.birthday = birthday;
16.     }
17. }
```

请编写代码完善 Customer 类的其他 getter 和 setter 方法。

知识点 4　给对象的属性赋值

下面的代码演示了调用对象的 setter 方法给对象的属性赋值。

```
1.  // 程序清单 4-15
2.  Customer c1=new Customer();
3.  c1.setName("小张");   // 设置 c1 对象的名字
4.  c1.setBirthday(new Date());    // 设置 c1 对象的出生日期
5.  c1.setTel("18611111111");   // 设置 c1 对象的电话号码
6.  c1.setPassword("123456");   // 设置 c1 对象的密码
```

知识点 5　获取对象的属性

下面的代码演示了使用对象的 getter 方法获取对象属性的值。

```
1.  // 程序清单 4-16
2.  Customer c1=new Customer();
3.  c1.setName("小张");
4.  c1.setBirthday(new Date());
5.  c1.setTel("18611111111");
```

```
6.    c1.setPassword("123456");
7.
8.    System.out.println(c1.getName());      // 获取 c1 的名字，并输出
9.    System.out.println(c1.getBirthday());  // 获取 c1 的出生日期，并输出
10.   System.out.println(c1.getPassword());  // 获取 c1 的密码，并输出
11.   System.out.println(c1.getTel());       // 获取 c1 的电话号码，并输出
```

知识点 6 类之间的关系

类通常都不是孤立的，它们之间常见的关系有依赖（Dependency）、关联（Association）、聚合（Aggregation）、继承（Inheritance）等。

依赖关系表示一个类依赖于另一个类的定义。例如，一个人（Person）可以开车（car），Person 类依赖于 Car 类，因为 Person 类引用了 Car。下面的代码演示了依赖关系。

```
1.    //程序清单4-17
2.    class Car {
3.        public static void run(){
4.            System.out.println("汽车在奔跑");
5.        }
6.    }
7.
8.    class Person{
9.        //使用形参方式发生依赖关系
10.       public void drive1(Car car){
11.           car.run();
12.       }
13.       //使用局部变量发生依赖关系
14.       public void drive2(){
15.           Car car = new Car();
16.           car.run();
17.       }
18.       //使用静态变量发生依赖关系
19.       public void drive3(){
20.           Car.run();
21.       }
22.   }
```

一般来说，依赖关系在 Java 语言中体现为局域变量（如 14~17 行代码）、方法的形参（如 10~12 行代码）、对静态方法的调用（如 19~21 行代码）。

关联关系是类与类之间的联接，它使一个类知道另一个类的属性和方法。关联可以是双向的，也可以是单向的。在 Java 语言中，关联关系一般使用成员变量来实现。

下面的代码演示了关联关系。

```
1.  // 程序清单 4-18
2.  class Driver {
3.      //使用成员变量形式实现关联
4.      Car mycar;
5.      public void drive(){
6.          mycar.run();
7.      }
8.      ...
9.      //使用方法参数形式实现关联
10.     public void drive(Car car){
11.         car.run();
12.     }
13. }
```

聚合关系是关联关系的一种，是强关联关系。聚合是整体和个体之间的关系。例如，汽车类与引擎类、轮胎类，以及其他的零件类之间的关系，是整体和个体的关系。与关联关系一样，聚合关系也是通过实例变量实现的。但是关联关系所涉及的两个类是处在同一层次上的，而在聚合关系中，两个类是处在不平等层次上的，一个代表整体，另一个代表部分。

下面的代码演示了聚合关系。聚合关系一般表示拥有，通常使用 getter 和 setter 进行赋值。

```
1.  // 程序清单 4-19
2.  class Driver {
3.      //使用成员变量形式实现聚合关系
4.      Car mycar;
5.      public void drive(){
6.          mycar.run();
7.      }
8.  }
```

继承关系将在后面的模块中专门讨论。

【任务实施】

实操步骤 1 　分析设计——新建 Location 类

仔细分析任务需求，我们要在窗体上绘制时间节点，如图 4-17 所示。

在任务 1 中我们已经将所有时间节点的坐标记录在 data/route /locations.txt 文件中。在任务 2 中已经编写好读取 locations.txt 文件的代码，并将 x 坐标、y 坐标、时间节点，事件存储在不同的数组中，在窗体上绘制时间节点时，需要访问多个数组，非常不方便。那么，怎么办呢？这就需要用到对象数组。

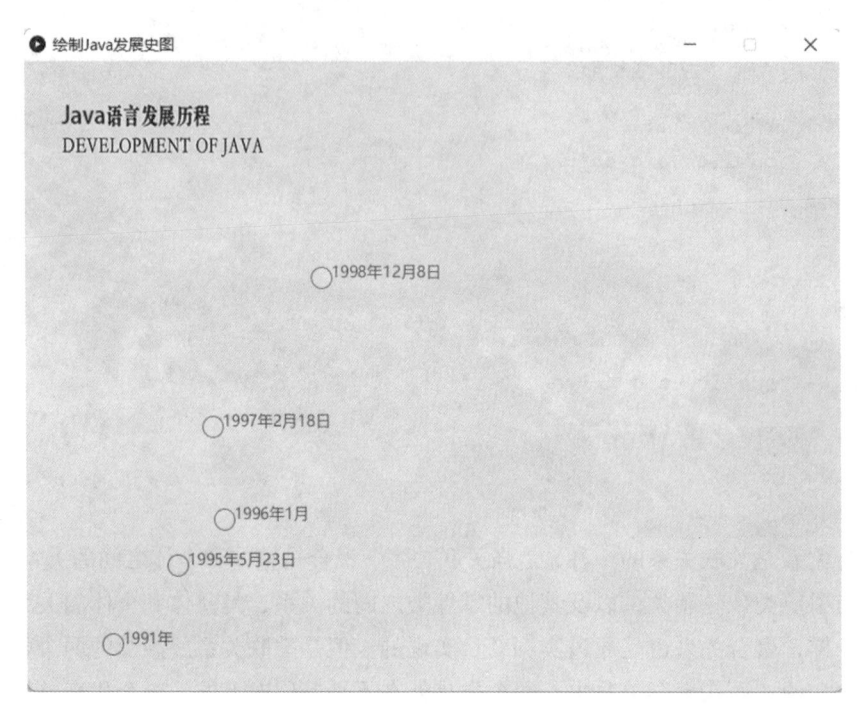

图 4-17　绘制时间节点

很显然，时间节点是路线图中的一个名词，因此可以设计 Location 类表示程序世界中窗体上的一个时间节点，类有 4 个成员变量 x, y, time 和 event。x, y 表示窗口上的坐标，time 表示时间节点，event 表示发生的事件。请写出 Location 类及成员变量的代码。

```

```

实操步骤 2　编码实现——编写类的 getter 和 setter 方法

编写 Location 类的 getter 和 setter 方法，便于访问、设置类的 private 成员变量。

实操步骤 3　编码实现——创建对象数组

在 RouteWindow2 中创建基于 Location 类的对象数组 locations，存储路线图中所有的时间节点。请在下面的方框中填写创建对象数组 locations 的代码。

实操步骤 4　编码实现——读取时间节点信息

在 RouteWindow2 类的 setup( )方法中读取 data/route /locations.txt 文件中的信息，并存入对象数组 locations 中。具体流程如下：

第一步：按行读取 data/ route /locations.txt，计算出行数，存储在变量 lines 中。

第二步：根据变量 lines 的值，动态分配对象数组 locations 的空间。

第三步：按行循环读取 data/ route /locations.txt 中的数据，拆解 x 和 y 坐标，并创建 Location 的对象 location，使用 setter 方法设置 location 对象的 x、y、time 和 event 属性，最后将对象存入数组 locations。

在循环外还是在循环内创建 Location 的对象 location？为什么？和小组成员讨论后在下面的方框中填写答案。

【评价测试】

完成任务后，请进行自我评价或小组交叉互评，并将结果填入表 4-14 中。

表 4-14　学生评价表

评价指标	评价标准	分值	得分
创建 Location 类	能正确创建类及类的成员变量； 能正确编写类的 getter 和 setter 方法	20	
创建动态数组	能正确计算 data/locations.txt 的行数，动态创建对象数组	20	
将对象存入数组中	能正确拆解字符串，获取 x 和 y 坐标； 能基于类 Locaiton 正确创建对象并设置对象的属性值； 能正确将对象存入数组	40	
运行结果	程序能正常运行，无 Bug，达到预期目标	20	

【拓展提升】

技能进阶　编写程序模拟动物园

假设要开发一个系统管理动物园中动物的信息，动物园中现有动物包括老虎（Tiger）、猴子（Monkey）、大象（Elephant）、狮子（Lion）等。尝试定义 Zoo 类表示动物园，Tiger 类、Monkey 类、Elephant 类和 Lion 类表示老虎、猴子、大象和狮子。

任务 4　给类增加构造方法

【需求分析】

在任务 3 中我们已经成功将时间节点信息存入了对象数组，但是在构造 Location 对象时调用对象的 setter 方法设置属性，稍显不方便。本次任务要求大家在任务 3 的基础上能给 Location 类增加构造方法，并使用构造方法初始化对象。

【学习目标】

（1）能描述构造方法的作用；
（2）能定义类的无参构造方法；
（3）能定义类的有参构造方法；
（4）能使用构造方法初始化对象；
（5）能正确将磁盘上的文件读取到内存中并实例化对象数组。

【职业证书对接】

表 4-15　大数据应用开发（Java）职业技能等级要求（初级）

工作任务	职业技能要求
面向对象代码编写	理解类和对象机制，熟练运用 Java 的面向对象机制，用"类"的语法封装对象的行为和状态

【相关知识】

扫码加入课程。

配套 MOOC 资源

知识点 1　给类编写构造方法

在前面的任务中，我们已经学习了简单类的定义。请大家在下面的空白处写出简单类的结构。

在 Java 中，要使用对象，首先要创建对象并实例化，这就需要用到构造方法。我们在前面的任务中已经使用过 JDK 内置类的构造方法，现在学习如何给自定义类编写构造方法。

```java
1.  //程序清单 4-20
2.  import java.time.LocalDate;
3.
4.  public class Student {
5.      //属性字段
6.      private String number;
7.      private String name;
8.      private LocalDate birthday;
9.
10.     //构造方法
11.     public Student(String n1,String n2,int y,int m,int d){
12.         number=n1;
13.         name=n2;
14.         birthday=LocalDate.of(y,m,d);
15.     }
16.     //方法
17.     public String getNumber(){
18.         return number;
19.     }
20.
21.     public String getName() {
22.         return name;
23.     }
24.
25.     public LocalDate getBirthday() {
26.         return birthday;
27.     }
28. }
```

Student 类中有 4 个方法，都使用 public 修饰，说明这些方法在任何地方都可以访问。仔细对比会发现，第一个方法和其他三个方法都不一样。

```
public Student(String n1,String n2,int y,int m,int d)
public String getNumber()
public String getName()
public LocalDate getBirthday()
```

第一个方法名称和类名一样，没有返回值，这就是类的构造方法。因此，我们可以知道，给自定义类编写构造方法应遵循以下规则。

（1）构造方法的名称一定要和类名相同；

（2）构造方法不能有返回值。

如果类中没有显示定义的构造方法，Java 虚拟机会生成一个默认的、没有参数且方法体为空的构造方法。

知识点 2　使用构造方法初始化对象

下面的程序演示了如何在程序中使用程序清单 4-20 中定义的类 Student。

```
1.   //程序清单 4-20 StudentTest.Java
2.   public class StudentTest {
3.       public static void main(String[] args) {
4.           Student[] students=new Student[3];    // 创建对象数组 students
5.           // 实例化 Student 对象，并存入 students 数组中
6.           students[0]=new Student("0001","小张",2003,9,1);
7.           students[1]=new Student("0001","小王",1999,5,10);
8.           students[2]=new Student("0001","小明",2000,1,1);
9.
10.          // 遍历 students 数组
11.          for (int i = 0; i < students.length; i++) {
12.              System.out.println("学号="+students[i].getNumber()+
13.                      ",姓名="+students[i].getName()+
14.                      ",出生日期="+students[i].getBirthday());
15.          }
16.      }
17.  }
```

在上面的程序中，第 4 行代码创建了学生数组，并使用 new 运算符给数组分配存储空间，能存放 3 个学生对象。

第 6~8 行代码，使用 new 运算符调用 Student 类的构造方法初始化学生对象，并将学生对象存入数组中。

第 11~15 行代码，使用 for 循环依次将每个学生的学号、姓名和出生日期打印在屏幕上。

> **小提示**
> 调用类的构造方法，一定要使用 new 运算符。

知识点 3　this 关键字

在类的每一个方法中，都有一个隐藏的关键字 this，可以使用 this 关键字调用类的字段和方法。例如：

```
1.   // 程序清单 4-22
2.   public class Student {
3.       //前面的代码
4.       public String getNumber(){
5.           return this.number;   // 使用 this 关键字访问成员变量 number
6.       }
7.       //后面的代码
8.   }
```

使用 this 关键字能很清楚地区分字段和局部变量。在程序清单 4-20 中，构造方法格式如下：

```
public Student(String n1,String n2,int y,int m,int d)
```

参数 n1 表示学号，n2 表示学名，y 表示出生年份，m 表示出生月份，d 表示出生的日期，这些参数名并不符合变量名命名约定。符合命名约定的构造方法格式如下：

```
1.   //程序清单 4-23
2.   import java.time.LocalDate;
3.
4.   public class Student {
5.       //属性字段
6.       private String number;
7.       private String name;
8.       private LocalDate birthday;
9.
10.      //构造方法,构造方法的参数名称符合"见名知意"的约定
```

```
11.     public Student(String number,String name,int year,int month,int day){
12.         number=number;
13.         name=name;
14.         birthday=LocalDate.of(year,month,day);
15.     }
16.     //其他代码
17. }
```

注意第 12 和 13 行代码，本意是要将参数 number 和 name 赋值给成员变量 number 和 name，由于构造方法的参数和成员变量相同，赋值符号左右两边的变量都表示构造方法的输入参数，这是错误的写法，而赋值符号左边的变量应该是类的成员变量。因此，12 行和 13 行代码应改写为

```
1. this.number=number;    // 使用 this 访问成员变量
2. this.name=name;
```

知识点 4 构造方法重载

在 Java 中可以存在多个名称相同但参数个数或顺序不同的方法，这样的方法称为方法重载。请看下面的代码。

```
1.  // 程序清单 4-24
2.  import java.time.LocalDate;
3.
4.  public class Student {
5.      private String number;
6.      private String name;
7.      private LocalDate birthday;
8.
9.      public Student() {
10.     }
11.
12.     public Student(String number, String name, LocalDate birthday) {
13.         this.number = number;
14.         this.name = name;
15.         this.birthday = birthday;
16.     }
17. }
```

上面创建了两个构造方法，方法名称都是 Student，一个无参，一个有 3 个参数。这两个方法都是构造方法，构成了方法重载，因此叫构造方法重载。

在企业开发中，经常使用无参或有参构造方法初始化对象。下面的代码调用了程序清单 4-24 中 Student 类的无参构造方法和有参构造方法。

```
1.   // 程序清单 4-25
2.   import java.time.LocalDate;
3.
4.   public class Demo01 {
5.       public static void main(String[] args) {
6.           Student s1=new Student();
7.           Student s2=new Student("001","小张",
8.                   LocalDate.of(2000,10,1));
9.       }
10.  }
```

类中的其他方法也可以使用方法重载。Java 内置类中的很多方法都使用了方法重载。例如模块 3 任务 6 中学习的 String 类中就有多个构造方法，包括 indexOf( )、lastIndexOf( ) 等方法。调用时，可根据参数的个数或顺序去调用相应的方法。

> **小提示**
> 方法的返回类型不能用来区分方法重载。

【任务实施】

实操步骤 1　分析设计

给类添加构造方法可以简化代码编写。本次任务中，可以给 Location 类添加一个无参构造方法和有 4 个参数的构造方法。

实操步骤 2　编码实现——给 Location 类添加无参构造方法

修改任务 3 中定义的 Location 类，新增无参构造方法。

实操步骤 3　编码实现——给 Location 类添加有参构造方法

继续给 Location 类新增有 4 个参数的构造方法，方法原型为 Location(int x,int y,String time,String event)，给类的成员变量 x、y、time 和 event 赋值。请在下面的方框中填写有参构造函数的代码。

实操步骤 4　编码实现——使用有参构造方法初始化对象

修改任务 3 中初始化 Location 对象的方法，使用实操步骤 4 中创建的构造方法初始化对象。

【评价测试】

完成任务后，请进行自我评价或小组交叉互评，并将结果填入表 4-16 中。

表 4-16　学生评价表

评价指标	评价标准	分值	得分
创建无参构造方法	能给类添加无参构造方法，无语法错误	20	
创建有参构造方法	能给类添加有参构造方法，无语法错误	20	
使用有参构造方法初始化对象	能使用无参或有参构造方法初始化对象，无语法错误；能正确读取数据到对象数组中	40	
运行结果	程序能正常运行，无 Bug，达到预期目标	20	

【拓展提升】

技能进阶 1　私有构造方法

大多数时候构造方法都是用 public 修饰，还可以使用 private 修饰，通常用在单例模式中。

技能进阶 2　定义图片按钮类

请大家仔细观察图 4-18 所示的主界面，界面上有 4 个按钮图片，试着定义 ImgButton 类描述图片按钮，并识别图片按钮类的属性，给类添加合适的构造方法。请在下面的方框中填写图片类 ImgButton 的构造方法。

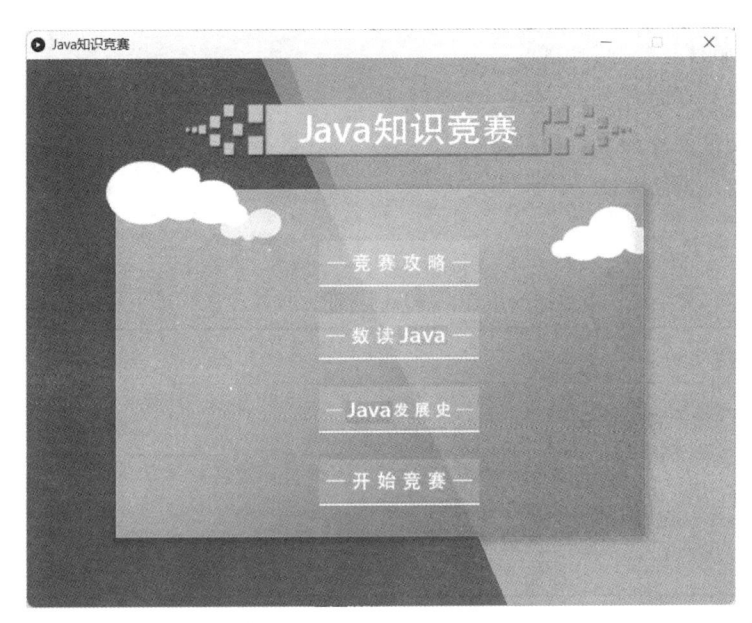

图 4-18 主界面

任务 5　绘制主要时间节点

【需求分析】

任务 5 要求大家能在任务 4 的基础上将 locations.txt 中的时间节点绘制在窗口中,如图 4-19 所示。

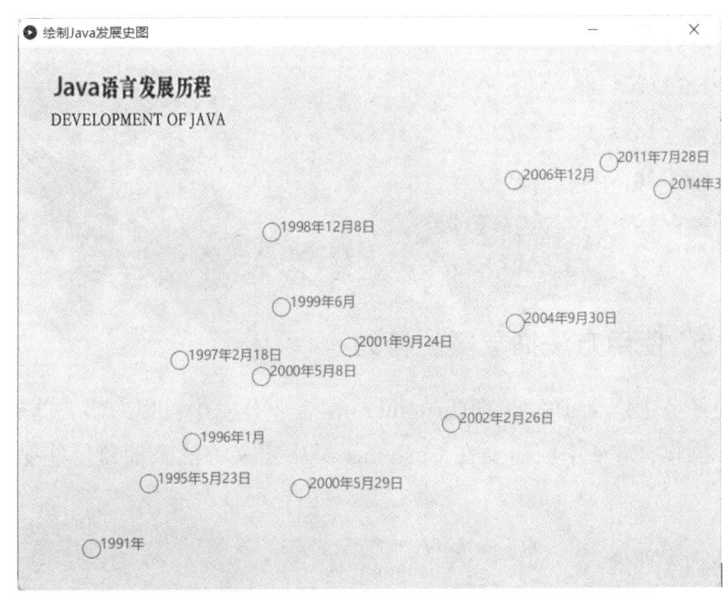

图 4-19　将时间节点绘制在窗口中

【学习目标】

（1）能识别类的行为；

（2）能使用方法抽象类的行为；

（3）能调用类的方法。

【职业证书对接】

表 4-17　大数据应用开发（Java）职业技能等级要求（初级）

工作任务	职业技能要求
面向对象代码编写	理解类和对象机制，熟练运用 Java 的面向对象机制，用"类"的语法封装对象的行为和状态
代码调试与程序缺陷修正	能根据程序语法规则，独立完成代码语法的错误识别和修正； 能根据软件功能需求，独立完成代码逻辑错误的识别和修正； 能通过输入/输出调试程序逻辑； 能独立进行异常处理调试

【相关知识】

扫码加入课程。

配套 MOOC 资源

知识点 1　识别类的行为

我们在前面的任务中讲到过使用类描述客观世界中的事物，类的成员变量描述事物的属性。那么，这些事物在客观世界中能做的事情用什么来描述呢？当然是方法。

比如客观世界中的门，在 Java 中可以定义类 Door 来描述，如程序清单 4-26 所示。门可以打开和关闭，可以定义 open( )和 close( )方法描述。在下面的示例中，open( )和 close( )方法是没有参数的，返回值是 void。在企业开发中，方法的参数和返回值要根据需求确定。

```java
1.  // 程序清单 4-26
2.  public class Door{
3.      public void open(){}
4.      public void close(){}
5.  }
```

知识点 2　使用方法抽象类的行为

在前面的任务中定义了客户类 Customer，在企业开发中可以对客户进行新增、修改、删除和查询等操作，Java 中就需要在 Customer 类中定义方法来抽象这些操作，如程序清单 4-27 所示。

```java
1.  // 程序清单 4-27
2.  import java.util.ArrayList;
```

```
3.   import Java.util.Date;
4.
5.   public class Customer {
6.       private String name;
7.       private String password;
8.       private String tel;
9.       private Date birthday;
10.
11.      //新增客户
12.      public void add(Customer customer){
13.
14.      }
15.      public void add(String name,String password,String tel,
16.                    Date birthday){
17.
18.      }
19.      //修改客户信息
20.      public void edit(Customer customer){
21.
22.      }
23.      //删除客户信息
24.      public boolean delete(Customer customer){
25.          boolean result=false;
26.          //业务逻辑,设置 result 的值
27.
28.          return result;
29.      }
30.      //根据姓名查询客户列表
31.      public ArrayList<Customer> search(String name){
32.          ArrayList<Customer> customers=new ArrayList<>();
33.          //查询业务逻辑
34.
35.          return customers;
36.      }
37.  }
```

第 31 行代码定义了 ArrayList<Customer> search(String name)方法表示可以通过姓名

进行模糊查询，得到客户列表。这里使用了集合 ArrayList，ArrayList 的相关知识将在模块 5 任务 4 "在窗体上持续出现医疗包"中介绍。

知识点 3　static 关键字

使用 static 修饰的方法，叫静态方法，没有静态关键字修饰的方法叫实例化方法，如程序清单 4-28 所示。

```
1.  // 程序清单 4-28
2.  public class Demo01 {
3.      public static void method1(){
4.          System.out.println("这是一个静态方法");
5.      }
6.      public void method2(){
7.          System.out.println("这是一个实例化方法");
8.      }
9.  }
```

也可以使用 static 修饰常量，例如在 Java 内置的 Math 类中定义了静态变量表示圆周率。编程时直接使用 Math.PI 访问这个常量。静态关键字也可以修饰变量，但在企业开发中很少使用静态变量。下面的代码在类中定义了静态变量 PI。

```
1.  // 程序清单 4-29
2.  public class Math {
3.      public static double PI=3.14159265358979323846;
4.      ......
5.  }
```

凡是使用 static 修饰的方法或成员变量都直接使用类名调用。下面的代码调用了 Math.PI 计算圆的周长和面积。

```
1.  // 程序清单 4-30
2.
3.  public class Demo02 {
4.      public static void main(String[] args) {
5.          double r=5.0;
6.          //计算圆的周长和面积
7.          double circle=Math.PI *2*r;
8.          double area=Math.PI*r*r;
9.          System.out.println("circle = " + circle);
```

```
10.         System.out.println("area = " + area);
11.     }
12. }
```

知识点 4 调用对象的方法

实例化方法通过对象调用。下面的代码演示了如何调用 Customer 类的实例化方法。

```
1.  //程序清单 4-31
2.  //调用无参构造方法，创建对象 customer1
3.  Customer customer1=new Customer();
4.  Calendar calendar1=Calendar.getInstance();
5.  //设置时间
6.  calendar1.set(2010,10,1);
7.  //调用 Customer 类的实例化方法
8.  customer1.add("xiaowang","123", "13111111111",calendar1.getTime());
```

静态方法不需要通过实例化对象调用，可直接使用类名调用。上面第 4 行的代码调用了 Calendar 类的静态方法 getInstance( )方法。

知识点 5 方法的参数传递

Java 中方法传递参数有两种：传值和传引用。如果参数的数据类型是基本类型（如 int、boolean、double 等）就是传值，参数的数据类型是引用类型（对象、数组）就是传引用。

传值的特点是，改变形参的值不会影响实参的值。在程序清单 4-32 中，第 3 行代码定义的参数 x 是形参，第 9 行代码调用方法 f1(a)，a 是实参。

第 9 行代码调用了方法 f1(a)，因此形参 x 得到的是实参 a 的一个拷贝，在方法内部改变形参 x 的值（第 4 行代码将 x 的值增加了 1），但 a 的值不会增加，依然是 5。

```
1.  //程序清单 4-32
2.  public class Demo03 {
3.      public static void f1(int x){
4.          x++;
5.      }
6.
7.      public static void main(String[] args) {
8.          int a=5;
9.          f1(a);
10.         System.out.println(a);   // 输出 5
```

```
11.     }
12. }
```

下面是传引用的情况，代码定义了员工类 Customer，有工号和工资两个属性，有一个涨工资的方法。

```
1.  // 程序清单 4-33
2.  public class Employee {
3.      private String number;
4.      private double salary;
5.
6.      public Employee() {
7.      }
8.
9.      public Employee(String number, double salary) {
10.         this.number = number;
11.         this.salary = salary;
12.     }
13.
14.     /**
15.      * 涨工资
16.      * @param salary
17.      */
18.     public void raiseSalary(double salary){
19.         this.salary+=salary;
20.     }
21.
22.     public String getNumber() {
23.         return number;
24.     }
25.
26.     public void setNumber(String number) {
27.         this.number = number;
28.     }
29.
30.     public double getSalary() {
31.         return salary;
32.     }
```

```
33.
34.     public void setSalary(double salary) {
35.         this.salary = salary;
36.     }
37. }
```

接着在程序清单 4-34 中定义 Demo03 类，在 main 方法中实例化多个员工对象，并调整员工工资。

```
1.  // 程序清单 4-34
2.  public class Demo03 {
3.      public static void f1(int x){
4.          x++;
5.      }
6.
7.      public static void main(String[] args) {
8.          Employee e1=new Employee("001",100);
9.          Employee e2=new Employee("002",200);
10.         Employee e3=new Employee("003",300);
11.         System.out.println(e1.getSalary());
12.         System.out.println(e2.getSalary());
13.         System.out.println(e3.getSalary());
14.         raiseSalary(e1);
15.         raiseSalary(e2);
16.         raiseSalary(e3);
17.         System.out.println(e1.getSalary());
18.         System.out.println(e2.getSalary());
19.         System.out.println(e3.getSalary());
20.     }
21.     public static void raiseSalary(Employee e){
22.         e.raiseSalary(100);
23.     }
24. }
```

14～16 行代码调用方法 raiseSalary( )调整了员工 e1、e2 和 e3 的工资，员工的工资分别为 100、200 和 300，调整后员工的工资分别为 200、300 和 400。我们发现，调整工资是在方法 raiseSalary( )内部完成的，但是却影响了 e1、e2 和 e3，因为方法调用传递的是引用。

【任务实施】

可以扫描右方的二维码下载背景图片。

背景图片

实操步骤 1　分析——项目结构

在之前的任务中已经定义好了 Location 类，并将 locations.txt 中的数据加载到基于 Location 类的对象数组中了。Location 类如图 4-20 所示。

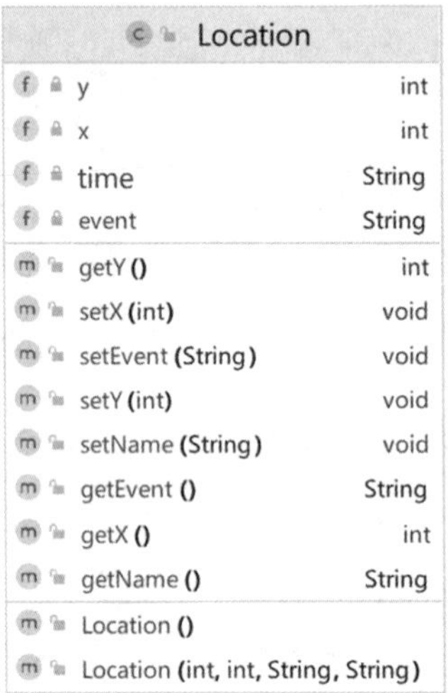

```
         Location
f  y                    int
f  x                    int
f  time                 String
f  event                String
m  getY ()              int
m  setX (int)           void
m  setEvent (String)    void
m  setY (int)           void
m  setName (String)     void
m  getEvent ()          String
m  getX ()              int
m  getName ()           String
m  Location ()
m  Location (int, int, String, String)
```

图 4-20　Location 类

实操步骤 2　设计——识别 Location 类的行为

要将时间节点绘制在窗口中，也就是说对时间节点这个实体有一个绘制的操作。因此，可以将该操作抽象为方法 display( )。类设计如图 4-21 所示。

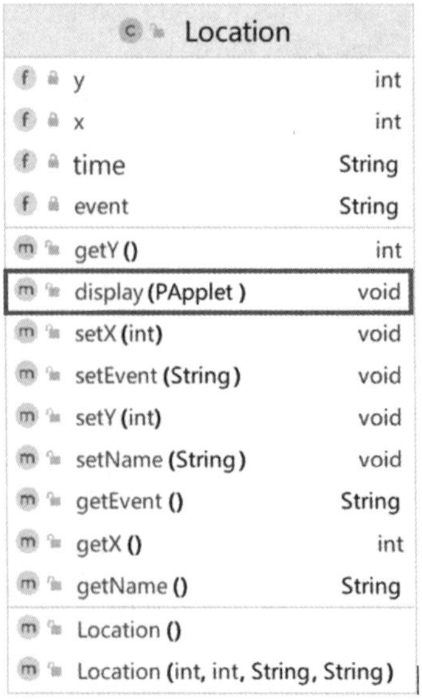

```
         Location
f  y                    int
f  x                    int
f  time                 String
f  event                String
m  getY ()              int
m  display (PApplet)    void
m  setX (int)           void
m  setEvent (String)    void
m  setY (int)           void
m  setName (String)     void
m  getEvent ()          String
m  getX ()              int
m  getName ()           String
m  Location ()
m  Location (int, int, String, String)
```

图 4-21　类设计

实操步骤 3 编码实现——使用方法抽象类的行为

根据图 4-21 可知，在窗体上绘制时间节点的方法名为 display( )；本质上就是在 display( )方法中绘制一个正圆，需要调用 PApplet 类的 ellipse( )或 circle( )方法。因此需要将窗口类 PApplet 的对象传递给 display( )方法，然后在 display( )方法中调用 PApplet 的 circle( )或 ellipse( )方法绘制半径为 10 的红色空心圆，圆心坐标为（x,y），最后使用 text( )方法，在圆的右侧绘制时间节点。效果如图 4-19 所示。请在下面的方框中填写 Location 类的 display( )方法的代码。

```
```

display( )方法为什么需要类型为 PApplet 的参数？和组员讨论后在下面的方框中填写想法。

```
```

实操步骤 4 编码实现——调用 display( )方法绘制时间节点

之前的任务已经在 RouteWindow2 的 setup( )方法中将所有的时间节点、坐标等信息读入对象数组 locations 内。因此，可以在 draw( )方法中遍历数组 locations 中的对象，调用 display( )方法，绘制时间节点。

【评价测试】

完成任务后，请进行自我评价或小组交叉互评，并将结果填入表 4-18 中。

表 4-18 学生评价表

评价指标	评价标准	分值	得分
编写 Loation 类的 display( )方法	能编写 display( )方法模拟 Location 的绘制行为	40	
调用类的方法	能在类 RouteWindow2 中调用 Location 类的 display( )方法	30	
运行结果	程序能正常运行，无 Bug，达到预期目标	30	

【拓展提升】

技能进阶 1　使用静态方法

请大家说一说能不能将 Loaction 类的 display( )方法设计为静态方法，为什么？试阐述原因。

技能进阶 2　识别图片按钮类的行为

在任务 4 的"拓展提升"中定义了图片按钮类 ImgButton。对于图片按钮，有显示的操作，因此可以将该操作抽象为 display( )方法。请在下面的方框中写上 display( )方法。display( )方法需要传递参数吗？如果需要参数，应该是什么类型的参数？

任务 6　以动画形式显示 Java 发展史

【需求分析】

本次任务要求大家能读取 data/route/lines.txt 中的坐标，将信息封装在类 Point 中。在窗口 RouteWindow2 中以动画形式绘制 Java 发展史路线，效果如图 4-22 所示。

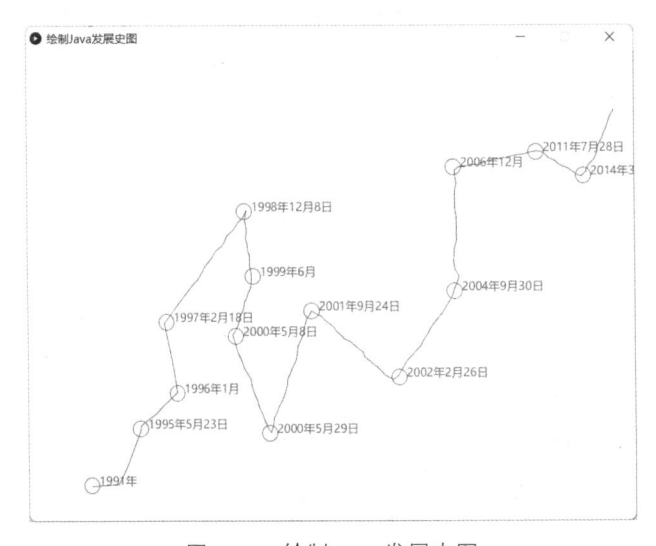

图 4-22　绘制 Java 发展史图

【学习目标】

（1）能解释动画的原理；
（2）能描述在 Processing 中编写动画的基本步骤；
（3）能准确定义 Point 类的属性和方法；
（4）能正确将磁盘上的文件读取到内存中并实例化对象数组；
（5）能制作简单的动画。

【职业证书对接】

表 4-19　大数据应用开发（Java）职业技能等级要求（初级）

工作任务	职业技能要求
面向对象代码编写	理解类和对象机制，熟练运用 Java 的面向对象机制，用"类"的语法封装对象的行为和状态
代码调试与程序缺陷修正	能根据程序语法规则，独立完成代码语法的错误识别和修正； 能根据软件功能需求，独立完成代码逻辑错误的识别和修正； 能通过输入/输出调试程序逻辑； 能独立进行异常处理调试

【相关知识】

扫码加入课程。

配套 MOOC 资源

知识点 1　动画原理

编程制作动画的原理和制作动画片的原理是一样的。制作动画片时，会绘制一系列静态图片，每一张图片叫一帧，播放动画片时，将这些静态帧以每秒 24 帧（张）的速度播放出来，画面就动起来了。例如图 4-23，由 10 张图片拼接而成，如果转动图片，将看到跳跃的斑马和猴子。

图 4-23　跳跃的斑马和猴子

之所以能看到跳跃的斑马和猴子，是由于视觉暂留。视觉暂留在 1824 年由英国伦敦大学的教授皮特最先提出：人眼在观察景物时，光信号传入大脑神经，需经过一段短暂的时间，光的作用结束后，视觉形象并不会立即消失，这种残留的视觉称"后像"，视觉的这一现象则被称为"视觉暂留"。

也就是说当我们看到一样东西，它就算消失了，我们的视神经对物体的印象不会立即消失，要延续 0.1～0.4 s 的时间它才会真正消失，而动画片每秒有 24 帧图片，当旧的印象消失，新的又补上来了，每个画面之间有微小的变化，这样就不会感觉是一幅幅的画了，而是一个连贯的动作。我国古代的走马灯，现代的电视机、电影和动画片这些都是这个原理的应用。

在 Java 中，只需要连续绘制图形，每一幅图形之间有一些细微的差别，我们就可以看到运动的画面了。

知识点 2 运动的小球

程序清单 4-35 在 draw( )方法中不断地填充背景，绘制一个小球，然后增加 x 的值。由于 draw( )方法会自动不断地被系统调用，由于人眼的视觉暂留，就会看到一个向右运动的小球，如图 4-24 所示。

```
1.    // 程序清单 4-35
2.    import processing.core.PApplet;
3.
4.    public class Demo01 extends PApplet {
5.        private int x;
6.        private int y;
7.
8.        public void settings(){
9.            size(400,300);
10.       }
11.       public void setup(){
12.           x=100;
13.           y=150;
14.       }
15.       public void draw(){
16.           background(255);
17.
18.           noStroke();
19.           fill(255,0,0);
20.           ellipse(x, y, 50, 50);
```

```
21.            x=x+1;    // 增加小球的 x 坐标
22.        }
23. }
```

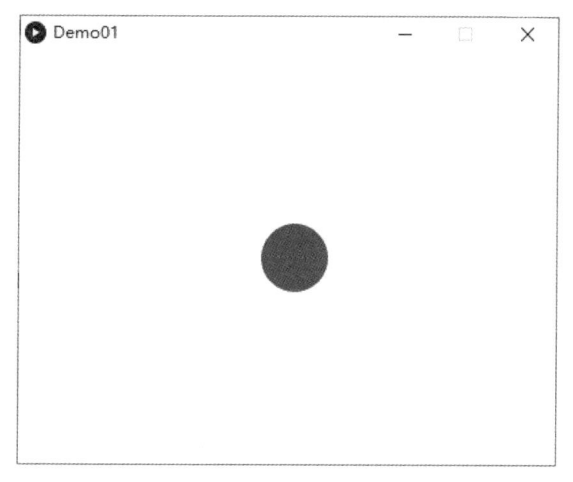

图 4-24 运行效果

知识点 3 帧率

在程序清单 4-35 的案例中，小球运动的速度较慢。可以将第 21 行语句替换为 x=x+5，小球的运动速度就会明显加快。那么，如何将小球的速度变慢呢？是否可以将 21 行代码更改为 x=x+0.5？和组员讨论后将想法填写在下面的方框中。

在 Processing 中，有一个术语叫帧率，默认情况下，draw( )每秒会被调用 60 次，因此帧率就是 60。可以是使用方法 frameRate( )改变帧率，例如 frameRate(30)就是将帧率修改为 30，因此减小帧率，也能改变小球的运动速度。当然，如果帧率过小，画面有可能会变得卡顿。程序清单 4-36 的第 14 行代码修改了帧率。

```
1.  // 程序清单 4-36
2.  import processing.core.PApplet;
3.
4.  public class Demo02 extends PApplet {
5.      private int x;
6.      private int y;
7.
8.      public void settings(){
9.          size(400,300);
```

```
10.     }
11.     public void setup(){
12.         x=100;
13.         y=150;
14.         frameRate(10);//将帧率改为 10
15.     }
16.     public void draw(){
17.         background(255);
18.
19.         noStroke();
20.         fill(255,0,0);
21.         ellipse(x, y, 50, 50);
22.         x=x+1;
23.     }
24. }
```

知识点 4　绘制线条

绘制线条需要使用 PApplet 类的 line( )方法。需要起始点和终止点，也就是需要 4 个参数。下面的代码演示了在程序中调用 line( )方法绘制直线。

```
1.  // 程序清单 4-37
2.  import processing.core.PApplet;
3.
4.  public class Demo03 extends PApplet {
5.      public void settings(){
6.          size(400,300);
7.      }
8.      public void setup(){
9.          background(255);
10.         //设置线条颜色为红色
11.         stroke(255,0,0);
12.         //设置线条粗细
13.         strokeWeight(10);
14.         //从(50,50)到(200,200)绘制一条直线
15.         line(50,50,200,200);
16.     }
17. }
```

【任务实施】

扫描右方二维码下载 lines.txt 文件。

实操步骤 1　分析——项目结构

在上一个任务中，我们已经在窗口 RouteWindow2 中绘制了 Java 发展史的主要时间节点。项目结构如图 4-25 所示。

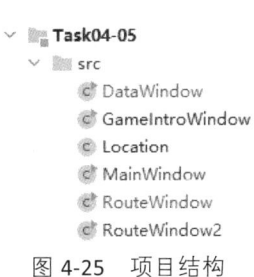

```
∨ Task04-05
  ∨ src
      DataWindow
      GameIntroWindow
      Location
      MainWindow
      RouteWindow
      RouteWindow2
```

图 4-25　项目结构

类及主要成员变量和方法说明如表 4-20 所示。

表 4-20　类及主要成员变量和方法说明

类	成员变量或方法
Location	int x 为横坐标，int y 为纵坐标，String time 为时间节点名称，event 为发生的主要事件； void display(PApplet p)：根据 x、y 和 time 在窗口 p 上绘制时间节点
RouteWindow2	Location[ ] locations：时间节点的对象数组； void setup( )：将 locations.txt 中的信息读取并放入对象数组 locations 中； void draw( )：调用 Location 的 display( )方法，将时间节点绘制在窗口中

实操步骤 2　设计——识别 Point 类的属性

绘制整个 Java 发展路线其实就是在窗口上不断地绘制比较短的直线，在 Processing 中，绘制直线需要使用 PApplet 类的 line(float x1, float y1, float x2, float y2)方法，参数 x1 和 y1 表示起点的坐标，x2 和 y2 表示终点的坐标。

因此，需要定义 Point 表示一个点，类有两个属性（成员变量），表示点的 x 坐标和 y 坐标。Point 类设计如图 4-26 所示。

```
                Point
+ int:x
+ int:y

+Point()
+Point(int x,int y)
+void setX(int x)
+int getX()
+void setY(int y)
+int getY()
```

图 4-26　类设计

实操步骤 3　编码实现——定义 Point 类

参照图 4-25 所示的类设计，编码定义 Point 类。

实操步骤 4　编码实现——加载点

在类 RouteWindow2 中定义成员数组 points，用来保存路线上的点。

参照任务 5 RouteWindow2 类的 setup( )方法中加载 locations.txt 文件中数据的写法，将文件 lines.txt 的数据加载进内存，实例化成 Point 类的对象，并保存在对象数组 points 中。

实操步骤 5　编码实现——绘制路线

在 RouteWindow2 类的 draw( )方法中，调用 PApplet 类的 line( )方法绘制路线。
第一步：可以定义一个变量 index，标识当前绘制到哪个点了，index 的初始值为 1。
第二步：使用 for 循环，调用 line( )方法，绘制 1 到 index 个点的路线。
第三步：index 值增加 1。注意不要越界。
注意：需要设置线条的颜色和粗细。请在下面的方框中填写绘制路线代码。

```
```

实操步骤 6　编码实现——设置绘制路线的速度

运行程序，你会发现路线很快就能绘制完成，可能需要改变帧率将路线的绘制速度变得更慢。

【评价测试】

完成任务后，请进行自我评价或小组交叉互评，并将结果填入表 4-21 中。

表 4-21　学生评价表

评价指标	评价标准	分值	得分
解释动画原理	能准确解释动画原理	10	
描述编写动画步骤	能正确描述在 Processing 中编写动画的基本步骤	10	
定义 Point 类	能参照类设计图正确定义 Point 类	10	
加载点	能正确将磁盘上的文件读入内存，并存入对象数组	20	
绘制路线	能在窗口中以动画形式绘制路线，画面无闪烁，程序无 Bug	40	
修改路线的绘制速度	能正确修改路线的绘制速度，可以变慢也可以变快	10	

【拓展提升】

技能进阶 1　绘制多个运动的小球

请在知识点 2 的基础上添加代码，在界面上显示多个大小、颜色和速度均不同的小球。

技能进阶 2　小球碰到边界反弹

在技能进阶 1 的基础上，给小球添加初始的随机的运动角度，在小球碰到边界（上、下、左、右）后反弹。

模块 5　开发知识竞赛模块

任务 1　识别并设计知识竞赛中的类

【需求分析】

本次任务请大家扫描下方二维码观看知识竞赛模块视频，运行界面如图 5-1 所示，识别并设计模块中的类，创建类对象并初始化，然后在窗口中显示对象。

知识竞赛模块视频

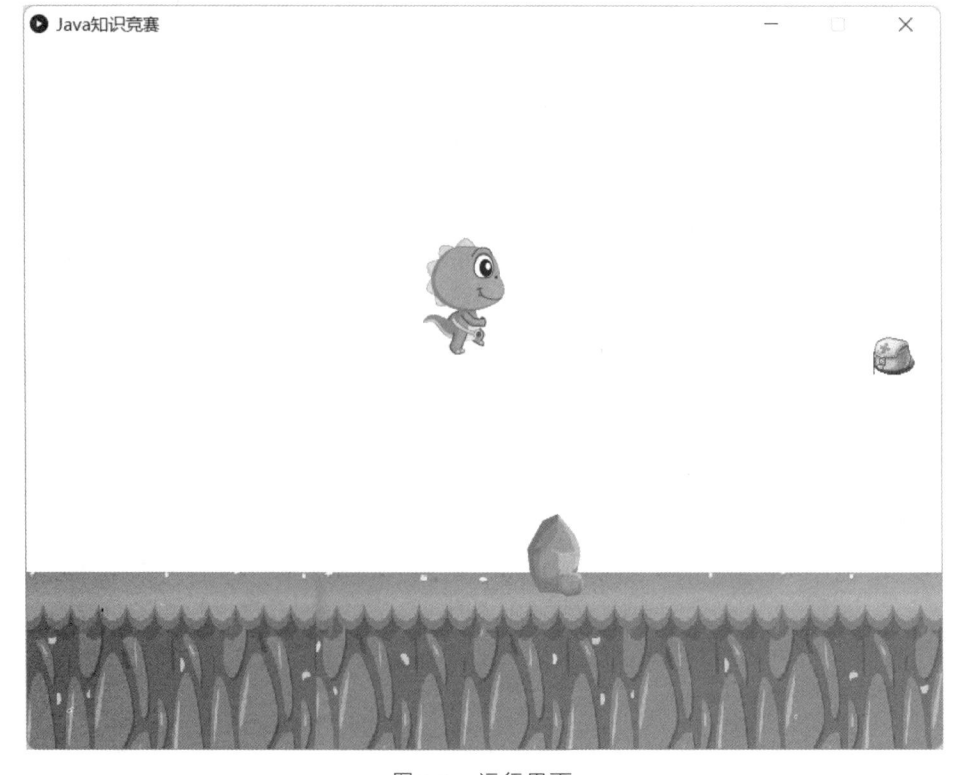

图 5-1　运行界面

【学习目标】

（1）能描述什么是继承；
（2）能使用继承优化类设计，提升代码的复用性。

【职业证书对接】

表 5-1　大数据应用开发（Java）职业技能等级要求（初级）

工作任务	职业技能要求
面向对象代码编写	理解类和对象机制，熟练运用 Java 的面向对象机制，用"类"的语法封装对象的行为和状态； 能熟练运用继承和多态机制编写复用度高的 Java 代码

【相关知识】

扫码加入课程。

配套 MOOC 资源

知识点 1　继承

假设编写的程序中有学生和教师，因此定义了 Student 类和 Teacher 类。代码如下：

```
1.  //程序清单 5-1
2.  public class Student {
3.      private String number;//学号
4.      private String name;//姓名
5.      private int age;// 年龄
6.      private Date birthday;// 出生日期
7.      private String major;//就读专业
8.  }
```

```
1.  //程序清单 5-2
2.  import java.util.Date;
3.
4.  public class Student {
5.      private String number;//工号
6.      private String name;//姓名
7.      private int age;// 年龄
8.      private Date birthday;// 出生日期
9.      private String department;//工作部门
10. }
```

这两个类实在太像了。Student 类中有一个 major 属性，Teacher 类中有一个 department 属性，其他属性都是相同的，有许多重复的代码。可以使用 Java 提供的继承来解决这个问题，简化代码，提高代码的复用性。

首先定义一个 Person 类，将 Student 类和 Teacher 类中相同的属性放在 Person 类中，Student 类和 Teacher 类继承自 Person 类。代码如下：

```java
1.  /**
2.   * 程序清单 5-3
3.   * Person 类
4.   */
5.
6.  import java.util.Date;
7.
8.  public class Person {
9.      private String number;//学号/工号
10.     private String name;//姓名
11.     private int age;// 年龄
12.     private Date birthday;// 出生日期
13.
14.     public String getNumber() {
15.         return number;
16.     }
17.
18.     public void setNumber(String number) {
19.         this.number = number;
20.     }
21.
22.     public String getName() {
23.         return name;
24.     }
25.
26.     public void setName(String name) {
27.         this.name = name;
28.     }
29.
30.     public int getAge() {
31.         return age;
32.     }
33.
34.     public void setAge(int age) {
35.         this.age = age;
36.     }
```

```
37.
38.     public Date getBirthday() {
39.         return birthday;
40.     }
41.
42.     public void setBirthday(Date birthday) {
43.         this.birthday = birthday;
44.     }
45. }
```

```
1. /**
2.  * 程序清单 5-4
3.  * Student 类 Student.Java
4.  */
5. public class Student extends Person{
6.     private String major;//就读专业
7. }
```

```
1. /**
2.  * 程序清单 5-5
3.  * Teacher 类
4.  */
5. public class Teacher extends Person{
6.     private String department;//工作部门
7. }
```

extends 关键字表示继承。Student 类和 Teacher 类继承了 Person 类所有的成员变量和方法。Person 类是 Student 类和 Teacher 类的父类，Student 类和 Teacher 类是 Person 类的子类。

在 JDK 中有一个类叫 Object，如果定义的类没有使用 extends 关键字显示指定父类，则 Object 类是其默认的父类。Java 中所有的类都是直接或间接继承自 Object 类。

> **小提示**
>
> 在 Java 中，一个类只能有一个父类，这叫"单继承"。Java 中的类只能是单继承的，但是一个类可以实现多个接口。

知识点 2 包

在 Java 中为了更好地组织管理类、接口、枚举等，防止出现命名冲突引入了包

（package）概念。

Java 中使用 package 关键字定义包，每一个源文件中只能有一条定义包的语句，并且需要放在源文件的第一行。语法格式如下：

package pkname1[.pkname2[.pkname3…]];

包的名称应该是 Java 中合法的标识符，要符合 Java 命名规范。在企业真实开发中，包名应该全部采用小写字母。

在 IDEA 中，右击 src 文件夹，选择"New"→"Package"，输入包名即可新建包，然后在包中新建类。定义包的实例如下：

```
1.  // 程序清单 5-6
2.  package demo;
3.
4.  /**
5.   * 类 Demo01 放在了包 demo 中
6.   */
7.  public class Demo01 {
8.  }
```

我们可以将其理解为硬盘的目录结构。上面的代码先创建了文件夹 demo，然后将类 demo01 放在了其中。如同文件夹一样，包可以层次嵌套。例如：package demo.demo01;表示在包 demo 中创建了包 demo01，如同文件夹 demo 中的子文件夹 demo01。

JDK 中的类就放在多个包中，如 java.lang、java.util、java.io、java.text、java.awt、java.swing 和 java.net 等。需要注意的是，要使用包中的类，需要先使用 import 关键字导入包。

知识点 3　访问控制

在代码中经常使用的 private 和 public 其实就是访问控制，用来控制成员变量和方法，从而实现类的封装特性。Java 中的访问控制分为 4 个等级：私有（private）、默认（方法、类或成员变量前面不写访问控制符表示默认）、保护（protected）和公有（public）。

1. private

private 表示所有的方法和成员变量只能在其所在类的内部访问，在其他的类中则不允许直接访问。private 限制级别最高。示例代码如下：

```
1.  // 程序清单 5-7
2.  package demo01;
3.
4.  /**
5.   * private 成员变量和方法
6.   */
```

```
7.   public class Demo02 {
8.       private int field1;
9.
10.      public Demo02(int field1) {
11.          this.field1 = field1;
12.      }
13.
14.      private void pintField1(){
15.          System.out.println(this.field1);
16.      }
17.  }
```

```
1.   // 程序清单 5-8
2.   package demo01;
3.
4.   /**
5.    * 在 main 方法中创建对象调用 private 方法
6.    */
7.   public class Program {
8.
9.       public static void main(String[] args) {
10.          Demo02 demo02=new Demo02(100);
11.          demo02.field1=10;//编译错误
12.          demo02.printField1();//编译错误
13.      }
14.  }
```

在程序清单 5-7 中，第 8 行声明了私有成员变量 field1，10～12 行声明的是公有构造方法，14～16 行定义的是私有方法。因此，在程序清单 5-8 的类 Program 的 main 方法中访问对象 demo2 的成员变量 field1 和方法 printField1( )会有语法错误。

2. 默　认

没有访问修饰符的成员变量和方法，就是默认级别，可以在其所在类内部和同一个包的其他类中被直接访问，但在不同包的类中则不允许直接访问。示例代码如下：

```
1.   // 程序清单 5-9
2.   package demo03;
3.
4.   public class Demo01 {
```

```
5.        int field1;
6.
7.        public Demo01(){
8.            this.field1=100;
9.        }
10.       void printField1(){
11.           System.out.println(this.field1);
12.       }
13.   }
```

在上面的代码中,第 5 行代码没有使用访问修饰符,方法 printField1( )也没有访问修饰符,它们都是默认的访问级别。

在相同的包中,创建 Program 类,在 Program 类的 main( )方法中调用 Demo01 类,代码如下:

```
1.   // 程序清单 5-10
2.   package demo03;
3.
4.   public class Program {
5.       public static void main(String[] args) {
6.           Demo01 demo01=new Demo01();
7.           demo01.printField1();
8.       }
9.   }
```

因为 Program 类和 Demo01 类都在包 demo03 中,而默认访问级别在同一个包中是可以访问的,所以代码可以通过编译。

在不同的包中调用 Demo01 类代码如下:

```
1.   // 程序清单 5-11
2.   package demo04;
3.
4.   import demo03.Demo01;
5.
6.   public class Program {
7.       public static void main(String[] args) {
8.           Demo01 demo01=new Demo01();
9.           demo01.printField1();//编译错误
10.      }
11.  }
```

Program 类在包 demo04 中，Demo01 类在包 demo03 中，因此会有编译错误。

3. public

public 修饰的成员变量和方法可以在任何场合被直接访问，是最宽松的一种访问控制等级。

4. protected

protected 修饰的成员变量和方法在同一包中与默认访问级别相同。但是在不同的包中，子类中能够直接访问父类中使用 protected 修饰的变量和方法。示例代码如下：

```
1.   // 程序清单 5-12
2.   package demo05;
3.
4.   public class Demo01 {
5.       protected int field1;
6.
7.       public Demo01(){
8.           this.field1=100;
9.       }
10.
11.      protected void printField1(){
12.          System.out.println(this.field1);
13.      }
14.  }
```

在上面的代码中，第 5 行代码使用 protected 修饰，第 11 行代码的方法也是使用 protected 修饰，都是保护级别。

在包 demo05 中的 Program 类中直接调用 Demo01 中的成员变量 field1 和 printField1( ) 方法是可以通过编译的。代码如下：

```
1.   // 程序清单 5-13
2.   package demo05;
3.
4.   public class Program {
5.       public static void main(String[] args) {
6.           Demo01 demo01=new Demo01();
7.           demo01.printField1();
8.       }
9.   }
```

在不同的包中调用 Demo01 中的成员变量 field1 和 printField1( )方法是不能通过编译的。代码如下：

```
1.  // 程序清单 5-14
2.  package demo06;
3.
4.  import demo05.Demo01;
5.
6.  public class Program {
7.      public static void main(String[] args) {
8.          Demo01 demo01=new Demo01();
9.          demo01.printField1();//编译错误
10.     }
11. }
```

可以在包 demo06 中定义类 Demo02，继承自 Demo01，就可以访问 Demo01 中 protected 修饰的成员变量和方法。代码如下：

```
1.  // 程序清单 5-15
2.  package demo06;
3.
4.  import demo05.Demo01;
5.
6.  public class Demo02 extends Demo01{
7.      public void test(){
8.          System.out.println(field1);
9.          printField1();
10.     }
11. }
```

> **小提示**
>
> 声明类的成员变量和方法时，应尽量限制类中成员的可见性。访问级别的顺序依次是：private<default<protected<public。在企业开发中 private 和 public 用得最多，一般来说，成员变量声明为 private，方法声明为 public，类也声明为 public。

知识点 4　调用父类构造方法

当实例化子类对象时，不仅仅会调用子类自己的构造方法，默认情况下还会调用父类的无参构造方法。

父类 Person 代码如下：

```
1.  // 程序清单 5-16
2.  package demo2;
```

```
3.
4.   /**
5.    * Person 类
6.    */
7.
8.   import java.util.Date;
9.
10.  public class Person {
11.      private String number;//学号
12.      private String name;//姓名
13.      private int age;// 年龄
14.      private Date birthday;// 出生日期
15.
16.      public Person(){
17.          System.out.println("这是 Person 类的无参构造方法");
18.      }
19.
20.      public Person(String number,String name){
21.          this.number=number;
22.          this.name=name;
23.          System.out.println("这是 Person 类的有参构造方法");
24.      }
25.  }
```

子类 Teacher 代码如下：

```
1.   // 程序清单 5-17
2.   package demo2;
3.
4.   /**
5.    * Teacher 类
6.    */
7.   public class Teacher extends Person{
8.       private String department;//工作部门
9.
10.      public Teacher(){
11.          System.out.println("这是 Teacher 类的无参构造方法");
12.      }
```

```
13.        public Teacher(String number,String name,String department){
14.            System.out.println("这是Teacher类的有参构造方法");
15.        }
16. }
```

在Program类main()方法中实例化Teacher类对象，代码如下：

```
1.  // 程序清单5-18
2.  package demo2;
3.
4.  public class Program {
5.      public static void main(String[] args) {
6.          Teacher t1=new Teacher();
7.          Teacher t2=new Teacher("001","杨老师","信息工程系");
8.      }
9.  }
```

程序运行结果如图5-2所示。

```
"C:\Program Files\Java\jdk1.8.0_191\bin\java.exe" ...
这是Person类的无参构造方法
这是Teacher类的无参构造方法
这是Person类的无参构造方法
这是Teacher类的有参构造方法
```

图 5-2 运行结果

程序清单5-18的main()方法中实例化了对象t1和t2，分别调用了Teacher类的无参构造方法和有参构造方法，而Teacher类的父类是Person类，因此系统会默认调用Person类的无参构造方法，得到图5-2所示的输出。

如果想要调用父类的有参构造方法，可以使用super语句。使用super()语句显示指定要调用的父类构造方法，系统就不会再调用父类的无参构造方法了。例如：

```
1.  //程序清单5-19
2.  package demo2;
3.
4.  /**
5.   * Teacher类
6.   */
7.  public class Teacher extends Person{
8.      private String department;//工作部门
9.
10.     public Teacher(){
11.         System.out.println("这是Teacher类的无参构造方法");
```

```
12.        }
13.        public Teacher(String number,String name,String department){
14.            super(number,name);//调用父类 Person 的构造方法
15.            this.department=department;
16.            System.out.println("这是 Teacher 类的有参构造方法"
17.            );
18.        }
19.    }
```

> **小提示**
> 在子类构造方法中使用 super 语句调用父类的构造方法，必须放在第一行。

【任务实施】

扫描右方二维码下载草地图片、医疗包图片及玩家图片。玩家共有 6 张图片，编号为玩家 1.png～玩家 6.png。

图片素材

实操步骤 1　分析设计——识别类和类的属性

仔细观察图 5-1，根据前面讲解的识别类的相关知识，不难分析出需要定义一个游戏窗口类，游戏窗口中有玩家、医疗包和草地，它们都是名词，因此应该都是类，见表 5-2。

表 5-2　系统中的类

类	属性	行为
玩家	图片、在游戏窗口中的位置（x，y）	跳、向前跑、在游戏窗体中显示自己
医疗包	图片、在游戏窗口中的位置（x，y）	向左移动、在游戏窗体中显示自己
草地	图片、在游戏窗口中的位置（x，y）	向左移动、在游戏窗体中显示自己
游戏窗口	玩家、医疗包、草地	

根据前面所讲的知识，我们可以将属性抽象为成员变量，行为抽象为方法，得到如图 5-3 所示的类设计。

Player	Grassland	MedicalBag
+x坐标 +y坐标 -图片	+x坐标 +y坐标 -图片	+x坐标 +y坐标 -图片
+跳 +向前跑	+向左移动	+向左移动

图 5-3　类设计

仔细思考我们会发现 Player 类、Grassland 类和 MedicalBag 类中的 3 个属性都是相同的,如果按照图 5-3 所示的类编码,会有大量重复的代码,因此可以设计类 GameObject 作为 Player、Grassland、MedicalBag 的父类,GameObject 的属性为 x 坐标、y 坐标和图片。

以上 3 个游戏物体在游戏窗口中都会沿着 x 方向移动,因此 GameObject 还有一个属性为 x 方向上的速度。改进后的类设计如图 5-4 所示。

```
                    GameObject
    - x:int
    - y:int
    - xspeed:int
    - img:pImage

    + GameObject()
    + GameObject(int x,int y,PImage img)
    + show(PApplet window)
    + move()
    + gettter/setter
```

```
    Player          Grassland          MedicalBag
```

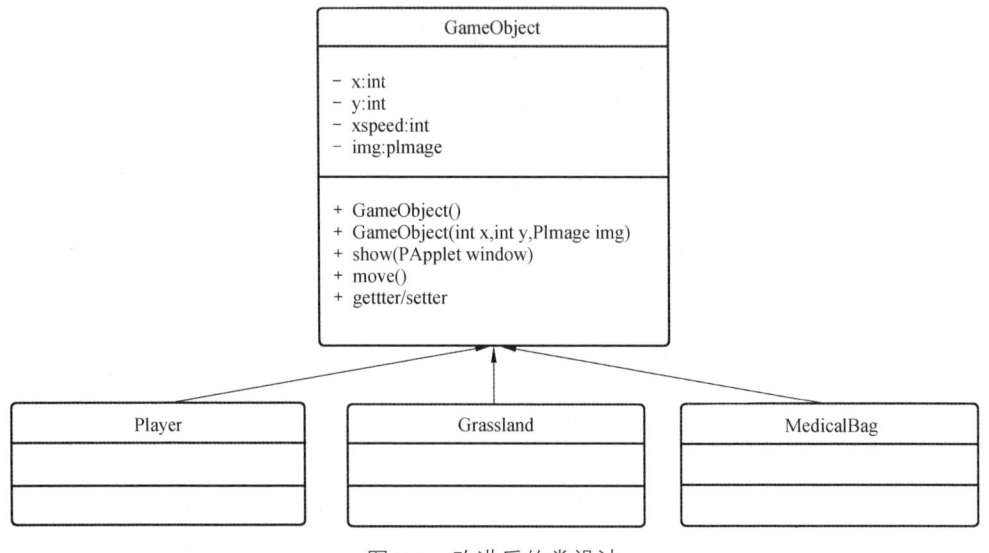

图 5-4 改进后的类设计

方法、属性详细说明见表 5-3。

表 5-3 GameObject 方法、属性详细说明

方法/属性	说明
int x	表示游戏物体在窗口中位置的 x 坐标
int y	表示游戏物体在窗口中位置的 y 坐标
int xspeed	物体在 x 轴方向上的速度
GameObject( )	无参构造方法
GameObject(int x,int y,PIMage img)	构造方法,给类成员变量赋值
show(PApplet window)	在 window 对象窗体上显示游戏物体
move( )	在窗体上移动游戏物体

实操步骤 2 编码实现——创建包

为了更好地组织和管理代码,在程序中创建了表 5-4 所列的包。

表 5-4　包设计

包名	作用
model	存放实体类，如 GameObject、Player、Grassland 等
util	存放系统中的工具类或常量类（常量类将在后面的实操步骤中创建）
view	存放窗体、界面相关的类

请将模块 2、模块 3 和模块 4 移动到相应的包里。Location 和 Point 类移动到 model 包中。DataWindow、GameInroWindow、MainWindow、RouteWindow 和 RouteWindow2 移动到包 view 中。

将类移动后，记得修改相应的引用类的代码，否则程序会报 Java.lang.ClassNotFoundException 的异常。

实操步骤 3　编码实现——创建父类 GameObject

参照图 5-4 和表 5-3，在 model 包中创建 GameObject 类。请在下面的方框中填写 GameObject 类的代码（编写成员变量、无参构造方法和有参构造方法以及 show( ) 和 move( ) 方法，getter/setter 可以不写在方框内）。

提示：move( ) 方法表示移动游戏物体，也就是说根据继承原则，Player、Grassland 和 MedicalBag 类都拥有 move( ) 方法，但是它们移动的方式都不一样，那么 GameObject 中的 move( ) 方法该怎么写呢？

实操步骤 4　编码实现——创建 Player、Grassland 和 MedicalBag 类

在 model 包中创建 Player、Grassland 和 MedicalBag 类，都继承自 GameObject 类。根据之前的分析我们知道，Player 还有一个跳的行为，可以抽象成 jump( ) 方法。3 个类的框架如下：

```
1.  // 程序清单 5-20
2.  public class Player extends GameObject{
3.      public void jump(){
4.
5.      }
6.  }
```

```
1.  public class Grassland extends GameObject{
2.  }
```

```
1.  public class MedicalBag extends GameObject{
2.  }
```

分析可知，游戏中玩家和医疗包还有是否存活的状态，这个状态是玩家和医疗包特有的，因此需要在 Player 类和 MedicalBag 类中增加 boolean 类型的变量 live 表示生存状态。

Player 类、Grassland 类和 MedicalBag 类没有显示的构造方法，为方便程序员初始化对象，应给 Player 类、Grassland 类和 MedicalBag 类添加构造方法，见表 5-5。

表 5-5 构造方法说明

方法	说明
Player( )	无参构造方法
Player(PImage img,int x,int y)	有参构造方法，初始化 Player 的成员变量。在游戏中，玩家看起来在向右运动，其实玩家的位置并没有改变，而是草地、医疗包在向左运动。因此，玩家的 xspeed 为 0。新创建的 Player 对象，生存状态默认为 true
Grassland( )	无参构造方法
Grassland(PImage img,int x,int y)	有参构造方法，初始化 Grassland 对象成员
MedicalBag( )	无参构造方法
MedicalBag(PImage img,int x,int y)	有参构造方法，初始化 MedicalBag 对象成员

实操步骤 5 编码实现——创建 GameWindow 类

GameWindow 类是与界面相关的类，因此把 GameWindow 类放在了 view 包中，类的框架如下：

```
1.  // 程序清单 5-21
2.  package view;
3.
4.  import processing.core.PApplet;
5.
6.  public class GameWindow extends PApplet {
7.      public void settings() {
8.          size(800, 600);
9.      }
10.
11.     public void setup() {
```

```
12.
13.     }
14.
15.     public void draw() {
16.
17.     }
18. }
```

观察图 5-1 可知，在 GameWindow 窗口中有玩家、草地和医疗包，因此需要在 GameWindow 类中定义成员变量 player、grassland 和 medicalBag 分别表示玩家、草地和医疗包。

在程序清单 5-21 的基础上，定义成员变量 player、grassland 和 medicalBag。

实操步骤 6　编码实现——在 GameWindow 窗口中显示玩家、草地和医疗包

在 setup( )方法中初始化成员变量 player、grassland 和 medicalBag，并在 draw( )方法中调用类的 show( )方法在窗口中显示对象，程序运行结果如图 5-5 所示。

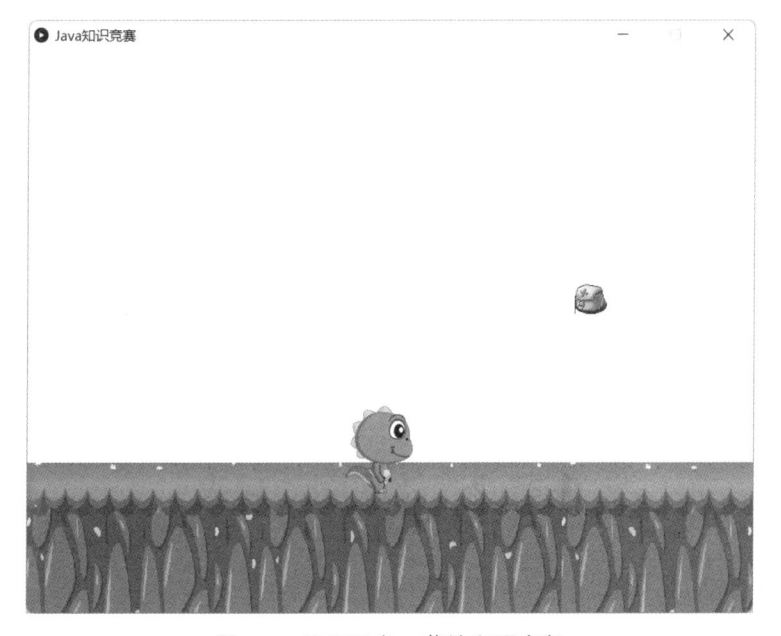

图 5-5　显示玩家、草地和医疗包

> **小提示**
> 　　游戏背景为白色。玩家在窗口中的位置为(350,380)，医疗包的位置为(600,250)，草地的位置为(0,440)。

实操步骤 7　编码实现——从主界面进入"知识竞赛"模块

给按钮图片"开始竞赛"添加单击事件响应，当用户单击图片按钮时启动 GameWindow。

【评价测试】

完成任务后，请进行自我评价或小组交叉互评，并将结果填入表 5-6 中。

表 5-6　学生评价表

评价指标	评价标准	分值	得分
继承	能使用继承的思想创建类	40	
包	能使用包管理类	10	
调用父类构造方法	能在子类中使用 super 调用父类构造方法	20	
运行结果	程序能正常运行，无 Bug，达到预期目标	30	

【拓展提升】

技能进阶　访问控制

在实操步骤 3 中，GameObject 类的成员变量用的是 private 还是 protected 进行修饰？和小组成员讨论后在下面的方框中填写原因。

任务 2　让画面动起来

【需求分析】

本次任务要求大家在任务 1 的基础上能够编程实现玩家、草地和医疗包的移动。

【学习目标】

（1）能对比类和抽象类；

（2）能描述什么是接口；

（3）能使用方法重写抽象类或接口的方法。

【职业证书对接】

表 5-7 大数据应用开发（Java）职业技能等级要求（初级）

工作任务	职业技能要求
面向对象代码编写	理解类和对象机制，熟练运用 Java 的面向对象机制，用"类"的语法封装对象的行为和状态； 能熟练运用继承和多态机制编写复用度高的 Java 代码
代码调试与程序缺陷修正	能根据程序语法规则，独立完成代码语法的错误识别和修正； 能根据软件功能需求，独立完成代码逻辑错误的识别和修正； 能通过输入/输出调试程序逻辑； 能独立进行异常处理调试

【相关知识】

扫码加入课程。

配套 MOOC 资源

知识点 1　抽象类

Java 中有一种特殊的类叫抽象类，使用 abstract 修饰。示例代码如下：

```
1.  // 程序清单 5-22
2.  public abstract class Demo01 {
3.      public abstract void method1();
4.  }
```

第 2 行代码声明了抽象类 Demo01，在 class 关键字前面加上了 abstract 修饰符。第 3 行代码声明了抽象方法 method1。需要注意的是，抽象方法只有方法声明，不能有方法实现。

> **小提示**
> 抽象类中可以没有抽象方法，也可以有多个抽象方法。如果类中有一个及以上的方法是抽象方法，那么类必须被声明为抽象类。

知识点 2　使用抽象类

假设我们要设计类：Circle（圆）、Triangle（三角形）和 Rectangle（矩形），类中有一个 calcPerimeter( )方法，用于计算图形的周长，还有一个 draw 方法，用于绘制图形。应该如何设计？

按照继承的思想，可以设计 Figure（几何图形）类，类中拥有 calcPerimeter 方法（计算周长），Circle、Triangle 和 Rectangle 类继承自 Figure 类。类设计如图 5-6 所示。

```
                    ┌──────────────────────┐
                    │       Figure         │
                    ├──────────────────────┤
                    │ -private String name │
                    ├──────────────────────┤
                    │ +double calcPerimeter()│
                    │ +void draw()         │
                    └──────────────────────┘
```

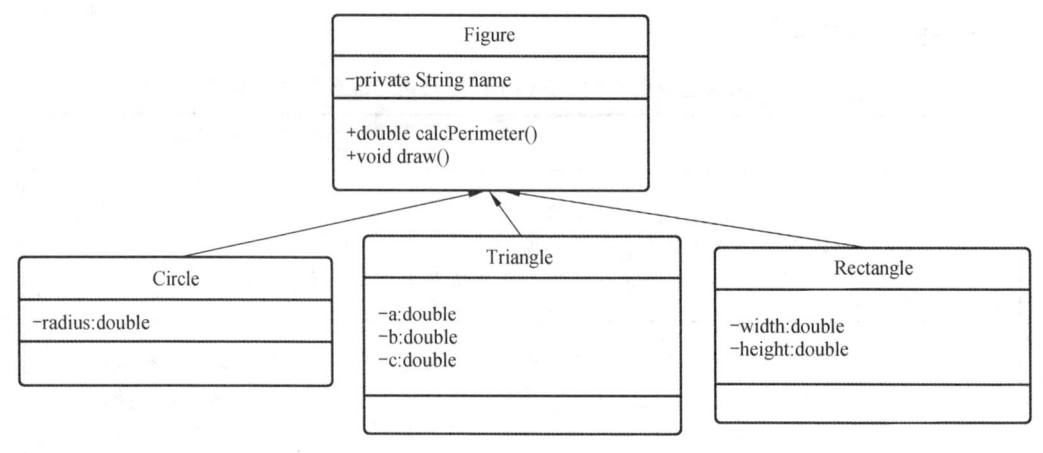

图 5-6 几何图形类

对于子类而言，Circle、Triangle 和 Rectangle 计算周长的公式都不相同，因此如果父类 Figure 设计为普通类，在方法 calcPerimeter( ) 中是没有办法确定具体的计算公式的。所以父类 Figure 适合设计为抽象类，方法 cacPerimeter( ) 声明为抽象方法。在子类中重写父类的抽象方法。示例代码如下：

```
1.  /**
2.   * 程序清单 5-23
3.   * 抽象类：几何图形
4.   */
5.  public abstract class Figure {
6.      public abstract double calcPerimeter();
7.      public abstract void draw();
8.  }
9.
10. /**
11.  * 圆
12.  */
13. public class Circle extends Figure{
14.     private double radius;//半径
15.     public double calcPerimeter() {
16.         return 0;
17.     }
18.
19.     public void draw() {
20.
21.     }
```

```
22.     }
23.
24.    /**
25.     * 三角形
26.     */
27.    public class Triangle extends Figure{
28.        private double a;//边长
29.        private double b;//边长
30.        private double c;//边长
31.        public double calcPerimeter() {
32.            return 0;
33.        }
34.
35.        public void draw() {
36.
37.        }
38.    }
39.
40.    /**
41.     * 矩形
42.     */
43.    public class Rectangle extends Figure{
44.        private double width;//宽
45.        private double height;//高
46.        public double calcPerimeter() {
47.            return 0;
48.        }
49.
50.        public void draw() {
51.
52.        }
53.    }
```

> **小提示**
> 与普通类一样，可以给抽象类添加无参和有参构造方法。
> 抽象类不能被实例化。

知识点 3 接口

接口和抽象类类似，但是比抽象类更抽象。在接口中，所有的方法都必须是抽象方法（在 JDK8 之后，接口中可以添加默认方法，因此接口中所有的方法必须是抽象方法是针对 JDK8 及之前的版本来说的）。声明接口使用关键字 interface。示例代码如下：

```
1.  // 程序清单 5-24
2.  public interface Demo02 {
3.      String field1="";
4.      public int field2 = 0;
5.      void method1();
6.  }
```

程序清单 5-24 的第 2 行代码声明了接口 Demo02，使用了关键字 interface。接口的修饰符只能是 public 或默认（默认没有修饰符）。

接口中的成员变量必须声明为 public 或默认，成员变量必须初始化。第 3 行代码和第 4 行代码声明了接口的成员变量，访问修饰符分别是默认和 public。

第 5 行代码声明了方法 method1，不能有方法体，接口中的方法必须在实现类中重写，实现接口使用关键字 implements，示例代码如清单 5-25 所示，实现了程序清单 5-24 的接口 Demo02。

与抽象类不同的是，接口中不能有构造方法。

```
1.  // 程序清单 5-25
2.  public class Demo03 implements Demo02{
3.      public void method1() {
4.
5.      }
6.  }
```

程序清单 5-23 中的抽象类 Figure 也可以声明为接口，Circle、Triangle 和 Rectangle 实现 Figure。需要注意的是，接口中的成员变量是不能在实现类中更改的，也就是说，接口中声明的成员变量都是当成常量使用的，有变化的成员变量都要放到实现类中。代码如下：

```
1.  /**
2.   * 程序清单 5-26
3.   * 接口：几何图形
4.   */
5.  public interface Figure {
6.      //不能在这里声明成员变量，因为实现类的名称都是不同的
7.      //这里的 name 其实是常量
8.      //public String name="";
```

```
9.
10.     public abstract double calcPerimeter();
11.     public abstract void draw();
12. }
13.
14. /**
15.  * 圆
16.  */
17. public class Circle implements Figure {
18.     private double radius;//半径
19.     private String name;
20.     public Circle(String name,double radius){
21.         this.name=name;
22.         this.radius=radius;
23.     }
24.
25.     public double calcPerimeter() {
26.         return 0;
27.     }
28.
29.     public void draw() {
30.     }
31. }
32.
33. /**
34.  * 矩形
35.  */
36. public class Rectangle implements Figure {
37.     private String name;
38.     private double width;//宽
39.     private double height;//高
40.     public Rectangle(String name,double width,double height){
41.         // 构造方法的代码
42.     }
43.     public double calcPerimeter() {
44.         return 0;
```

```
45.        }
46.
47.        public void draw() {
48.
49.        }
50. }
51.
52. /**
53.  * 三角形
54.  */
55. public class Triangle implements Figure {
56.        private String name;
57.        private double a;//边长
58.        private double b;//边长
59.        private double c;//边长
60.        public Triangle(String name,double a,double b,double c){
61.            //构造方法的代码
62.        }
63.        public double calcPerimeter() {
64.            return 0;
65.        }
66.
67.        public void draw() {
68.
69.        }
70. }
```

> **小提示**
>
> 与抽象类一样，接口也不能被实例化。

知识点 4 方法重写

如果子类方法的名称、参数个数、参数类型及返回与父类方法完全相同，这称为对父类方法的重写或覆盖。程序清单 5-23 Circle 类的 draw( )方法实际上就是对父类方法进行了重写。

在 Idea 中，方法重写可以加上注解@Override，也可不加。加上注解后，以下优点。

（1）提高程序的可读性；

（2）提示编译器，添加了@Override 注解的方法必须重写父类或者 Java.lang.Object 中的一个同名方法。

图 5-7 所示的代码，第 9 行代码应用了@Override 属性，表示在类 Demo04 中要重写接口中的方法 method3，而接口 Interface1 和 Interface2 中没有 method3 方法，因此编译器报错。

```
3    public class Demo04 implements Interface1,Interface2{
4        @Override
5        public void method1() {
6
7        }
8
9        @Override
10       public void method3() {
11
12       }
13   }
```

图 5-7 示例代码

知识点 5 实例化抽象类或接口

抽象类和接口都不能直接实例化，只能实例化其子类，再赋值给父类对象。抽象类和接口实例化都是一样的，下面以接口为例进行说明，对程序清单 5-26 作如下修改：

```
1.  /**
2.   * 程序清单 5-27
3.   * 接口：几何图形
4.   */
5.  public interface Figure {
6.      public abstract double calcPerimeter();
7.      public abstract void draw();
8.  }
9.
10. /**
11.  * 圆
12.  */
13. public class Circle implements Figure {
14.     private double radius;//半径
15.     public Circle(double radius){
16.         this.radius=radius;
17.     }
```

```java
18.
19.     public double calcPerimeter() {
20.         return 2*Math.PI*radius;
21.     }
22.
23.     public void draw() {
24.         System.out.println("绘制圆");
25.     }
26. }
27.
28. /**
29.  * 矩形
30.  */
31. public class Rectangle implements Figure {
32.     private double width;//宽
33.     private double height;//高
34.     public Rectangle(double width,double height){
35.         this.width=width;
36.         this.height=height;
37.     }
38.     public double calcPerimeter() {
39.         return 2*(this.width+this.height);
40.     }
41.
42.     public void draw() {
43.         System.out.println("绘制长方形");
44.     }
45. }
46.
47. /**
48.  * 三角形
49.  */
50. public class Triangle implements Figure {
51.     private double a;//边长
52.     private double b;//边长
53.     private double c;//边长
```

```
54.     public Triangle(double a,double b,double c){
55.         this.a=a;
56.         this.b=b;
57.         this.c=c;
58.     }
59.     public double calcPerimeter() {
60.         return a+b+c;
61.     }
62.
63.     public void draw() {
64.         System.out.println("绘制三角形");
65.     }
66. }
67.
68. /**
69.  * 启动类
70.  */
71. public class Program {
72.     public static void main(String[] args) {
73.         Figure f=new Circle(12);
74.         f.draw();//调用接口的draw方法,实际调用的是Circle类的draw方法
75.         //第76行代码实际也是调用Circle类的calcPerimeter方法
76.         System.out.println("圆的周长是: "+f.calcPerimeter());
77.
78.         f=new Rectangle(4,5);
79.         f.draw();
80.         System.out.println("矩形的周长是: "+f.calcPerimeter());
81.
82.         f=new Triangle(3,4,5);
83.         f.draw();
84.         System.out.println("三角形的周长是: "+f.calcPerimeter());
85.     }
86. }
```

第 73 行代码，在 Program 类的 main 方法中，创建的接口对象 f，使用类 Circle 初始化。第 78 行、第 82 行代码都是类似的。大家可以把程序清单 5-27 输入编辑器中，观察程序的输出，并解释输出结果。

知识点 6 多态

多态是面向对象程序设计中一个非常重要的思想。要在程序中使用多态，一定要满足以下条件：

继承：一定要有父类和子类。

重写：子类一定要重写父类方法。

向上转型：声明的变量类型是父类类型，但一定要使用子类对象实例化。

我们来看一个示例：假设要计算 5 个图形的周长，这 5 个图形包含圆形、三角形和矩形，该如何编写程序完成计算呢？

为了节约篇幅，我们在程序清单 5-27 的基础上修改 Program 类。

```
1.   // 程序清单 5-28
2.   public class Program {
3.       public static void main(String[] args) {
4.           // 定义数组 figures 装 5 个图形
5.           Figure[] figures=new Figure[5];
6.           figures[0]=new Circle(10);
7.           figures[1]=new Circle(5);
8.           figures[2]=new Triangle(3,4,5);
9.           figures[3]=new Rectangle(3,4);
10.          figures[4]=new Rectangle(4,5);
11.
12.          // 利用多态特性计算图形周长
13.          for(int i=0;i<figures.length;i++){
14.              System.out.println(figures[i].calcPerimeter());
15.          }
16.      }
17.  }
```

【任务实施】

实操步骤 1 分析——项目结构

在上一个任务中，已经创建了包 model 和 view，将实体类放到了包 model 中，与界面相关的类放到了包 view 中。项目结构如图 5-8 所示。

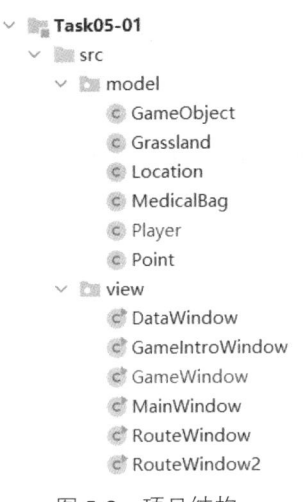

```
Task05-01
  src
    model
      GameObject
      Grassland
      Location
      MedicalBag
      Player
      Point
    view
      DataWindow
      GameIntroWindow
      GameWindow
      MainWindow
      RouteWindow
      RouteWindow2
```

图 5-8　项目结构

GameObject 类是 Player、MedicalBag 和 Grassland 的父类。在上一个任务中已编写好 GameObject 类的 show( )方法，并在 GameWindow 窗体上绘制了玩家、医疗包和草地。

实操步骤 2　编码实现——让医疗包动起来

玩家在草地上的奔跑效果，实际上并不是玩家在移动，而是医疗包和草地在不断地向左移动。根据物体间相对移动的原理，看起来就像是玩家在不断地向右移动。因此，首先要编程实现医疗包向左移动。

根据前面的知识我们知道，显示医疗包的代码放在了 GameWindow 类的 draw( )方法中，draw( )方法会自动被系统循环调用，要让医疗包往左移动，只需要在 draw( )方法中调用医疗包的 move( )方法。

在上一个任务中，GameObject 类中已经定义了 move( )方法，但这是一个空方法，因此需要在 MedicalBag 类中重写 move( )方法。

再仔细分析，医疗包、草地等物体都需要移动，而不同的物体移动的方式是不同的，所以在 GameObject 类中定义的 move( )方法都是需要被重写的。因此，可以将 GameObject 类改写为抽象类，move( )改写为抽象方法。

请在下面的方框中填写医疗包类（MedicalBag）中重写的 move( )方法。

在 GameWindow 类的 draw( )方法中调用医疗包的 move( )方法，即可实现医疗包向左移动。

实操步骤 3　编码实现——让草地动起来

草地也是向左移动，其移动速度与医疗包相同。具体实现参考实操步骤 2。但是，草地向左移动后，右边空出一大截白色背景，怎么办？与同学一起讨论，把你的想法记录下来。

可以在游戏窗口中声明两个草地对象，都加载同一张图片。两个草地对象在窗口中的位置是不同的，示意图如图 5-9 所示。

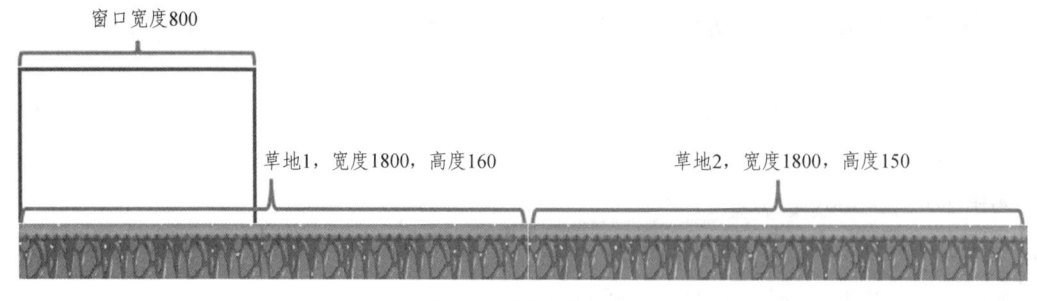

图 5-9　两个草地

游戏窗口宽度为 800，高度为 600，根据示意图可以很容易知道草地 1 在窗口中的位置为（0，440），草地 2 的位置是 1800（1800，440）。

在上一个任务中，已经定义的对象 grassland 表示第一个草地，这里再定义对象 grassland2 表示第二个草地。请在下面的方框中写上在 setup( )方法中调用构造方法实例化 grassland 和 grassland2 的代码。

两个草地同时向左移动，当草地 1 或草地 2 的最右侧到达了屏幕的最右侧，立即将草地移动到屏幕右侧，如此往复。首先，需要在 Grassland 类中重写抽象类 GameObject 的 move( )方法。请在下面的方框中填写 Grasslan 类的 move( )方法。

注意：草地的移动速度与医疗包的移动速度相同。

最后，在 GameWindow 类的 draw( )方法中调用草地 1 和草地 2 的 move( )方法。

实操步骤 4　编码实现——让玩家跑起来

现在草地和医疗包都能向左移动了。但是玩家的动作没有改变，看起不像是在奔跑。我们给大家提供了 6 张玩家的图片，如图 5-10 所示。通过这 6 张图片，我们让玩家跑起来。

图 5-10　玩家图片

首先需要修改玩家类的属性，可以增加一个图片数组存储玩家的 6 张图片，然后修改玩家类的构造函数。请补充程序清单 5-29 第 9 行和 10 行的代码。

```
1.    // 程序清单 5-29
2.    package model;
3.
4.    import processing.core.PImage;
5.
6.    public class Player extends GameObject{
7.        private PImage[] imgs=new PImage[6];//存储6张图片
8.        public Player(PImage[] img, int x, int y){
9.            _____        //设置父类的img属性
10.           _____        //设置6张图片
11.
12.           super.setX(x);
13.           super.setY(y);
```

```
14.     }
15.     // 其他代码
16. }
```

在 GameWindow 类的 setup( )方法中,调用新的构造方法初始化玩家对象 Player。请在下面的方框中填写初始化玩家对象的代码。

重写玩家类(Player)的 move( )方法。方法的名称虽然叫 move( ),但玩家的坐标不会改变,只是在方法中不断地切换显示的图片。请在下面的方框中填写玩家类(Player)的 move( )方法。

在 GameWindow 类的 draw( )方法中调用玩家的 move( )方法。

【评价测试】

完成任务后,请进行自我评价或小组交叉互评,并将结果填入表 5-8 中。

表 5-8 学生评价表

评价指标	评价标准	分值	得分
定义抽象类	能将 GameObject 类改写为抽象类	10	
重写抽象类方法	能在子类中重写抽象类的抽象方法 move( )	20	
医疗包	医疗包能向左移动	10	
草地	草地能向左移动	10	
玩家	玩家能实现奔跑效果	20	
运行结果	程序能正常运行,无 Bug,达到预期目标	30	

【拓展提升】

技能进阶　接口与多重继承

Java 中类不能多重继承，只有接口与接口之间可以实现多重继承，示例代码如下：

```java
1.  // 程序清单 5-30
2.  public interface Interface1 {
3.      public void method1();
4.      public void method2();
5.  }
6.  public interface Interface2 {
7.      public void method1();
8.      public void method2();
9.  }
10. public interface Interface3 extends Interface1,Interface2{
11.     public void method3();
12. }
```

上面的代码中，第 2 行代码和第 6 行代码定义了接口 Interface1 和 Interface2，第 10 行代码定义了接口 Interface3，同时继承自接口 Interface1 和 Interface2。

类也可以实现一个或多个接口，如程序清单 5-31 所示。

```java
1.  // 程序清单 5-31
2.  public interface Interface1 {
3.      public void method1();
4.      public void method2();
5.  }
6.
7.  public interface Interface2 {
8.      public void method1();
9.      public void method2();
10. }
11.
12. public class Demo04 implements Interface1,Interface2{
13.     @Override
14.     public void method1() {
15.
16.     }
17.
```

```
18.        @Override
19.        public void method2() {
20.
21.        }
22.    }
```

类 Demo04 类同时实现了接口 Interface1 和 Interface2，重写了方法 method1 和 method2。

实操步骤 6　抽象类和接口的区别

查阅资料，归纳抽象类和接口的区别。请在下面的方框中填写接口与抽象类的区别。

任务 3　让玩家跳起来

【需求分析】

本次任务要求大家在任务 2 的基础上能实现按下 W 键，玩家能跳起来，然后再落地。

【学习目标】

（1）能编写程序响应键盘事件；

（2）能获取对应按键的键值。

【职业证书对接】

表 5-9　大数据应用开发（Java）职业技能等级要求（初级）

工作任务	职业技能要求
面向对象代码编写	理解类和对象机制，熟练运用 Java 的面向对象机制，用"类"的语法封装对象的行为和状态； 能熟练运用继承和多态机制编写复用度高的 Java 代码
代码调试与程序缺陷修正	能根据程序语法规则，独立完成代码语法的错误识别和修正； 能根据软件功能需求，独立完成代码逻辑错误的识别和修正； 能通过输入/输出调试程序逻辑； 能独立进行异常处理调试

【相关知识】

扫码加入课程。

知识点 1　键盘操作

Processing 提供了 keyPressed( )处理键盘操作。当用户敲击键盘触发了键盘敲击事件，Processing 调用方法 keyPressed( )响应用户的操作。程序清单 5-32 是键盘操作的简单示例。

```
1.  // 程序清单 5-32
2.  public class Demo01 extends PApplet {
3.      public void settings(){
4.          size(400,300);
5.      }
6.      public void setup(){
7.
8.      }
9.      public void draw(){
10.
11.     }
12.
13.     @Override
14.     public void keyPressed() {
15.         System.out.println("你按下了键盘...");
16.     }
17.
18.     public static void main(String[] args) {
19.         PApplet.main("Demo01");
20.     }
21. }
```

Demo01 类的第 14 行代码重写了 keyPressed( )方法，响应键盘操作。运行程序，敲击键盘，控制台输出"你按下了键盘…"。敲击一次输出一次。

上面的示例敲击任意键程序都会有响应。我们对程序做一点改进，当敲击空格键，才会在控制台输出"你按下了键盘…"。这就需要知道到底敲击了哪个键。重写 keyPressed(KeyEvent event)可以实现这个功能。

```
1.  // 程序清单 5-33
2.  import processing.core.PApplet;
3.  import processing.event.KeyEvent;
```

```
4.
5.  public class Demo02 extends PApplet {
6.      public void settings(){
7.          size(400,300);
8.      }
9.      public void setup(){
10.
11.     }
12.     public void draw(){
13.
14.     }
15.
16.     @Override
17.     public void keyPressed(KeyEvent event) {
18.         System.out.println(event.getKey());
19.         System.out.println(event.getKeyCode());
20.     }
21.
22.     public static void main(String[] args) {
23.         PApplet.main("Demo02");
24.     }
25. }
```

程序清单 5-33 的第 18 行代码调用方法 event.getKey( )，获取按键字符，第 19 行代码调用方法 event.getKeyCode( )获取按键编码。

请试着在下面的方框中写上敲击空格键，并在控制台输出 "你按下了空格键" 的代码。

知识点 2 键盘弹起

方法 keyReleased( )和 keyReleased(KeyEvent event)用来响应键盘释放事件。下面的代码在用户释放按键时在控制台输出"你释放了按键"。可以长按键盘再释放，观察程序在控制台输出信息的时间。

```
1.  // 程序清单 5-34
2.  import processing.core.PApplet;
3.
4.  public class Demo03 extends PApplet {
5.      public void settings(){
6.          size(400,300);
7.      }
8.      public void setup(){
9.
10.     }
11.     public void draw(){
12.
13.     }
14.
15.     @Override
16.     public void keyReleased() {
17.         System.out.println("你释放了按键");
18.     }
19.
20.     public static void main(String[] args) {
21.         PApplet.main("Demo03");
22.     }
23. }
```

可以尝试编写程序实现：点击鼠标，在鼠标点击处绘制一个圆；按下空格键，清除所有的圆。

知识点 3 弹跳的小球

我们可以尝试做一个小游戏——弹跳的小球。首先定义小球类（Ball），小球有坐标（x,y）、速度（speed）、半径（r）三个属性；有显示（show）、向上跳（jump）的行为。小球所在窗口大小为 400×300。代码如下：

```
1.   // 程序清单 5-35
2.   import processing.core.PApplet;
3.
4.   public class Ball {
5.       private int x;
6.       private int y;
7.       private int r;
8.       private int speed;
9.
10.      public Ball(int x, int y, int r) {
11.          this.x = x;
12.          this.y = y;
13.          this.r = r;
14.          this.speed=5; // 默认小球的半径是 5
15.      }
16.
17.      // 在窗体上绘制小球
18.      public void show(PApplet window){
19.          window.noStroke();
20.          window.fill(255,0,0); // 设置填充色为红色
21.          window.ellipse(this.x,this.y,this.r*2,this.r*2);
22.      }
23.
24.      public void jump(){
25.          this.y -= this.speed;
26.          if(this.y<=0 || this.y>=300)  {
27.              this.speed=-this.speed;
28.          }
29.      }
30.  }
31.
32.  public class Demo04 extends PApplet {
33.      private Ball ball=null;
34.
35.      public void settings(){
36.          size(400,300);
```

```
37.     }
38.     public void setup(){
39.         ball=new Ball(200,280,20);
40.     }
41.     public void draw(){
42.         background(255); // 白色背景
43.         ball.show(this);
44.         ball.jump();
45.     }
46.     public static void main(String[] args) {
47.         PApplet.main("demo.Demo04");
48.     }
49. }
```

第 26 行代码判断小球是否到达了窗口的顶端或底部，如果到达了，改变小球的运动方向，从而实现小球在窗体上往复运动。

仔细观察程序清单 5-35 的运行结果，会发现小球在碰到窗口的顶端或底部并没有立刻反弹，而是越过了一点点距离后再反弹。你知道是为什么吗？大家讨论一下，将你的想法写下来。

知识点 4　重力加速度

在程序清单 5-35 的游戏中，小球向上弹跳和下落的过程中，速度是恒定不变的，这在真实世界中是不可能的。由于地球引力，向上弹跳速度会不断减小到 0，下落时速度会不断变大。这就需要在程序中引入加速度的概念。修改类 Ball 的代码如下：

```
1.  // 程序清单 5-36
2.  import processing.core.PApplet;
```

```
3.
4.    public class Ball {
5.        private int x;
6.        private int y;
7.        private int r;
8.        private double speed;
9.        private double gravity=-0.2;// 重力加速度
10.
11.       public Ball(int x, int y, int r) {
12.           this.x = x;
13.           this.y = y;
14.           this.r = r;
15.           this.speed=8; // 默认小球的半径是 5
16.       }
17.
18.       // 在窗体上绘制小球
19.       public void show(PApplet window){
20.           window.noStroke();
21.           window.fill(255,0,0); // 设置填充色为红色
22.           window.ellipse(this.x,this.y,this.r*2,this.r*2);
23.       }
24.
25.       public void jump(){
26.           this.speed+=this.gravity;
27.           this.y -= this.speed;
28.           if(this.y>=300) {
29.               this.speed=8;
30.           }
31.       }
32.   }
```

第 9 行代码定义变量 gravity 保存小球的加速度，由于小球是向上弹跳，将加速度设为负数。

第 26 行代码在小球每一次移动后改变小球的速度，这样小球在弹跳过程中，速度会不断减小直至为 0，因此检测小球是否碰到窗体顶端的代码就可以省略了。

第 28 行代码检测小球是否碰到了窗体底部，如果碰到了,便重新初始化小球的速度。

【任务实施】

实操步骤 1 分析——项目结构

在上一个任务中,我们已经实现了草地、医疗包的移动,以及通过循环切换玩家图片模拟玩家奔跑的动作。项目结构如图 5-11 所示。

```
Task05-02
 └── src
     ├── model
     │   ├── GameObject
     │   ├── Grassland
     │   ├── Location
     │   ├── MedicalBag
     │   ├── Player
     │   └── Point
     ├── util
     └── view
         ├── DataWindow
         ├── GameIntroWindow
         ├── GameWindow
         ├── MainWindow
         ├── RouteWindow
         └── RouteWindow2
```

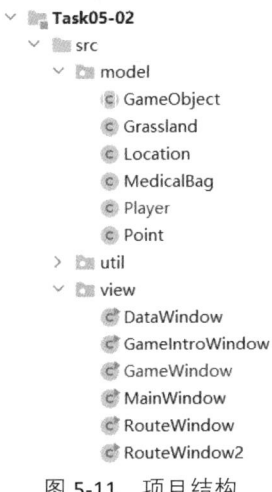

图 5-11 项目结构

草地类(Grasslan)、医疗包类(MedicalBag)和玩家类(Player)都重写了父类 GameObject 的 move( )方法,修改了玩家类(Player)的构造方法。并在游戏窗口类(GameWindow)的 setup( )方法中调用玩家类新的构造方法初始化玩家对象,在 draw( )方法中调用了草地类、医疗包类和玩家类的 move( )方法,代码如图 5-12 和图 5-13 所示。

```
PImage[] imgs=new PImage[]{
    loadImage( filename: "Game/玩家1.png"),
    loadImage( filename: "Game/玩家2.png"),
    loadImage( filename: "Game/玩家3.png"),
    loadImage( filename: "Game/玩家4.png"),
    loadImage( filename: "Game/玩家5.png"),
    loadImage( filename: "Game/玩家6.png")
};
player =new Player(imgs, x: 350, y: 380);   // 初始化玩家对象
```

图 5-12 初始化玩家对象

```
public void draw() {
    background( rgb: 255);  // 设定背景为白色
    grassland.show( window: this);  // 显示草地1
    grassland2.show( window: this);  // 显示草地2
    grassland.move();//移动草地1
    grassland2.move();//移动草地2

    medicalBag.show( window: this);  // 显示医疗包
    medicalBag.move();  // 移动医疗包

    player.show( window: this);  // 显示玩家
    player.move();  // 移动玩家
}
```

图 5-13 draw( )方法

实操步骤 2　编码实现——判断玩家是否起跳

程序运行时，当按下 W 键，玩家能跳起来，需要给玩家一个固定的初始速度。在向上跳跃的过程中，玩家的速度不断减慢，当速度减为 0 时，开始下落，最后停在草地上。

为了判断玩家的状态，需要在玩家类中增加新的成员变量 jump，标识玩家是否已经起跳。false 表示在草地上，true 表示玩家已经起跳。

```
private boolean jump=false; // 标识玩家是否已经起跳
```

那么什么时候改变 jump 变量的值呢？当然是在玩家按下 W 键的时候。可以给玩家类（Player）增加一个新的方法 setDirecton( ) 设置玩家的方向，如果玩家按下了 W 键，调用 setDirecton( ) 方法，改变玩家的状态。setDirecton( ) 方法代码如下，请补全代码。

```
1.   // 程序清单 5-37   设置玩家的方向
2.   public void setDirection(char key){
3.       switch(key) {
4.           case _____:
5.               if (_____) {
6.                   this.jump = _____;
7.                   //设置起跳的初始速度和加速度
8.                   this.gravity= _____;
9.                   _____ // 设置玩家起跳速度为 10
10.              }
11.      }
12.  }
```

在游戏窗口类（GameWindow）中重写父类 PApplet 的 keyPressed(KeyEvent event) 方法，实现玩家按下 W 键时，调用 setDirecton( ) 方法。请在下面的方框中填写你重写的 keyPressed( ) 方法的代码。

很明显，玩家方法应该模拟跳的行为。具体实现可以参考"知识点 4 重力加速度"。请在下面的方框中写上你的代码。注意：更改玩家的速度要调用父类方法，玩家落地后就不再是起跳状态，地面的 y 坐标是 440。

【评价测试】

完成任务后，请进行自我评价或小组交叉互评，并将结果填入表 5-10 中。

表 5-10　学生评价表

评价指标	评价标准	分值	得分
键盘响应	能将对按键进行响应	10	
玩家起跳	玩家能跳起并落地，落地后停留在地面上	70	
运行结果	程序能正常运行，无 Bug，达到预期目标	30	

【拓展提升】

实操步骤 6　完善起跳

应该会发现，起跳后，在空中玩家还在不断地切换显示的图片，那么，如何能让玩家在空中时不再切换图片呢？

实操步骤 7　玩家前进和后退

在上面的程序中，玩家只能跳，不能前进和后退，该如何实现呢？赶紧试试吧。

任务 4　在窗体上持续出现医疗包

【需求分析】

之前的任务在游戏中添加了医疗包，但是医疗包只会出现一次。本次任务要求大家在任务 3 的基础上能实现持续出现的医疗包。

【学习目标】

（1）能描述什么是进程、线程；

（2）能在程序中使用多线程；

(3)能描述集合和数组的区别;
(4)能在程序中使用集合存储对象。

【职业证书对接】

表 5-11 大数据应用开发(Java)职业技能等级要求(中级)

工作任务	职业技能要求
Java 高级 API 编程	能对数据进行结构化和非结构化分析,熟练运用 List、Set、Map 等接口及其子类存取复杂数据对象
多线程并发优势应用	能熟练使用 Java 的多线程 API 创建线程类; 能有效控制线程的启动、终止和暂停

【相关知识】

扫码加入课程。

配套 MOOC 资源

知识点 1 集合概述

在 Java 中存储多个对象可以使用数组,但数组一旦创建后大小是固定的,使用不是很方便。Java 提供了一个容器可以方便地管理多个对象,这就是集合。Java 提供了一系列的接口和类表示集合,这些接口和类都在 Java.util 包中,如图 5-14 所示。

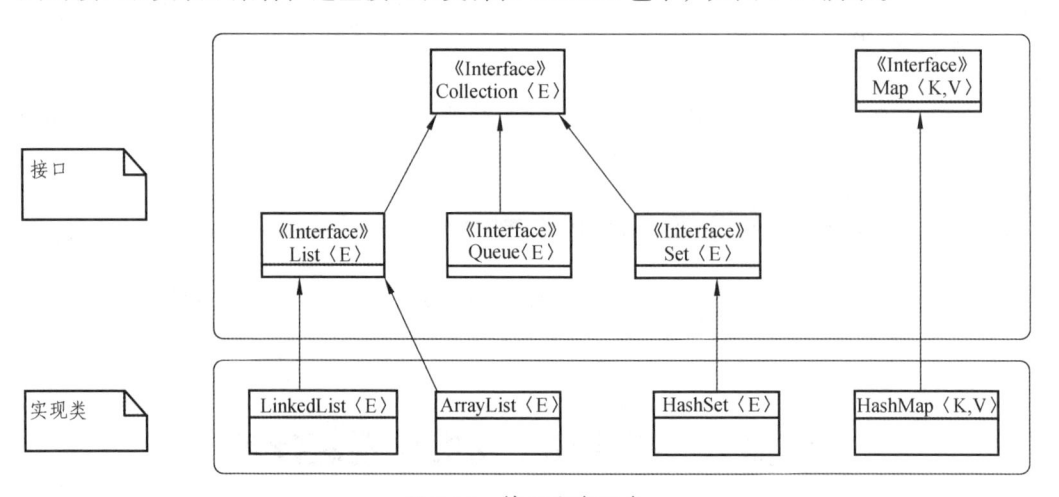

图 5-14 接口和实现类

从图 5-14 中可以看出,Java 集合主要分为两大类:单列集合(Collection)和双列集合(Map)。

下面主要介绍 List、Set 和 Map 接口及其主要的实现类。

知识点 2 List 接口

List 接口中存储的是一系列有顺序的元素(类似于数组),数据可以重复出现。List

接口的常用实现类有 ArrayList、LinkedList 和 Vetor。ArrayList 的底层是通过动态数组实现的，Vector 的底层和 Array List 是一样的，区别是 Vetctor 是线程安全的，性能比 Array List 要低。LinkedList 的底层是通过链表实现的。在存储相同数据的情况下，ArrayList 访问元素速度优于 LinkedList，LinkedList 占用空间比较大，但 LinkedList 插入和删除速度优于 ArrayList。

也就是说，如果经常需要在 List 中插入和删除元素，优先选择 LinkedList，否则选择 ArrayList。程序清单 5-38 演示了 ArrayList 集合的使用方法。

```java
1.   // 程序清单 5-38
2.
3.   import java.util.ArrayList;
4.   import java.util.List;
5.
6.   public class Demo01 {
7.       public static void main(String[] args) {
8.           List<String> students =new ArrayList<>();
9.           students.add("小张");
10.          students.add("小李");
11.          students.add("小王");
12.          students.add("小王");
13.          System.out.println(students.get(0));
14.          System.out.println(students.get(3));
15.      }
16.  }
```

程序清单 5-38 的第 8 行代码声明了集合 students，使用 ArrayList 初始化。第 9~12 行代码使用 add 方法往集合中添加了 4 个字符串对象。students 在内存中的示意图如图 5-15 所示。

索引	值
0	小张
1	小李
2	小王
3	小王

图 5-15 集合

从图 5-15 中可以看出，集合中的每一个元素都有索引值，从 0 开始编号。可以使用 Object get(int index)方法访问集合中的数据。程序清单 5-38 的第 13 行和第 14 行代码分别访问了 students 结合的第 1 个和第 4 个元素，会在控制台输出"小张"和"小王"。

知识点 3 List 常用方法

List 接口继承自 Collection 接口，因此 List 继承了很多 Collection 的方法。Collection 接口常用方法见表 5-12。

表 5-12 Collection 接口的常用方法

方法	说明
boolean add(Object o)	给 List 添加元素 o
boolean addAll(Collection c)	将集合 c 中的所有元素添加到 List 中
void clear( )	删除 List 中所有的元素
boolean remove(Object o)	从 List 中删除指定的元素 o
boolean removeAll(Collection c)	从 List 中删除 c 中所有的元素
bool isEmpty( )	判断 List 是否为空
bool contains(Object o)	判断 List 中是否包含元素 o
boolean containsAll(Collection c)	判断 List 中是否包含集合 c 中所有的元素
Iterator iterator( )	获取 List 的迭代器，用于遍历 List 中所有元素
int size( )	

List 接口不仅继承表 5-12 所列的方法外，还新增了一些方法，见表 5-13。

表 5-13 List 接口新增的常用方法

方法	说明
void add(int index.Object o)	在 List 集合的指定位置插入指定元素
boolean addAll(int index,Collect c)	将集合 c 中所有的数据添加到 List 的指定位置
Object get(int index)	返回 List 集合中指定位置的元素
Object remove(int index)	移除 List 集合中指定位置的元素
Object set(int index,Object o)	更新或设置 List 中指定位置
int indexOf(Object o)	从前往后查找 List 集合元素，返回第一次出现指定元素的索引，如果此列表不包含该元素，则返回-1
int lastIndexOf(Object o)	从后往前查找 List 集合元素，返回第一次出现指定元素的索引，如果此列表不包含该元素，则返回-1
List subList(int fromIndex,int toIndex)	返回 List 集合中指定的 fromIndex（包括）和 toIndex（不包括）之间的元素集合，返回值 List 集合

下面对 List 的部分常用方法举例演示。

```java
// 程序清单 5-39
public class Student {
    private String name;
    private int age;

    public Student(String name, int age) {
        this.name = name;
        this.age = age;
    }

    public String getName() {
        return name;
    }

    public void setName(String name) {
        this.name = name;
    }

    public int getAge() {
        return age;
    }

    public void setAge(int age) {
        this.age = age;
    }

    @Override
    public String toString() {
        return "Student{" +
                "name='" + name + '\'' +
                ", age=" + age +
                '}';
    }
}

public class Demo02 {
    public static void main(String[] args) {
        List<Student> stuList=new ArrayList<>();
        stuList.add(new Student("小张",20));
        stuList.add(new Student("小杨",20));
        stuList.add(0,new Student("小张",20));
        stuList.add(new Student("小王",20));
```

```
43.            stuList.add(new Student("小李",20));
44.            System.out.println(stuList);
45.
46.            Student s=new Student("小杨",20);
47.            if(stuList.contains(s)){
48.                System.out.println("小杨同学不在List中");
49.            }
50.            else{
51.                System.out.println("小杨同学不在List中");
52.            }
53.
54.            Student s2=new Student("小李",20);
55.            stuList.remove(s2);  //从集合中删除指定对象s2
56.            System.out.println(stuList);
57.        }
58.    }
```

第 38 行代码声明了集合 stuList，第 39~43 行代码添加了 5 个学生对象到集合中。第 44 行代码输出集合中的数据，结果如图 5-16 所示。

```
"C:\Program Files\Java\jdk1.8.0_191\bin\java.exe" ...
[Student{name='小张', age=20}, Student{name='小张', age=20}, Student{name='小杨', age=20}, Student{name='小王', age=20}, Student{name='小李', age=20}]
```

图 5-16　输出数据

第 47 行代码检查集合中是否包含对象 s（s 表示姓名为"小杨"，年龄为"20"的同学）。从图 5-16 运行结果可知集合中有一个姓名为"小杨"，年龄为"20"的同学，而程序检查的结果却是"小杨同学不在 List 中"，如图 5-17 所示。

第 55 行代码从集合中删除 s2 对象（s2 表示姓名为"小李"，年龄为"20"的同学），从图 5-16 运行结果可知集合中有一个姓名为"小李"，年龄为"20"的同学，而程序却没有删除掉，如图 5-17 所示。

```
小杨同学不在List中
[Student{name='小张', age=20}, Student{name='小张', age=20}, Student{name='小杨', age=20}, Student{name='小王', age=20}, Student{name='小李', age=20}]
```
小李没有删除掉，还在集合中

图 5-17　检查结果

为什么会出现这种结果呢？

知识点 4　对象比较

在集合中查找、删除数据都需要将集合中的每一个对象和待查找、删除对象进行比较，两个对象默认是比较其内存地址，我们首先想到的是使用运算符"=="进行比较。请看下面的代码。

```
1.   // 程序清单 5-40
2.   public class Demo03 {
3.       public static void main(String[] args) {
4.           Student s1=new Student("小张",20);
5.           Student s2=new Student("小张",20);
6.
7.           if(s1==s2){
8.               System.out.println("s1==s2");
9.           }
10.          else{
11.              System.out.println("s1!=s2");
12.          }
13.      }
14.  }
```

程序清单 5-40 中的第 4 和 5 行代码声明了对象 s1 和 s2。虽然两个对象的属性是相同的，但是两个对象在堆中的地址是不同的，示意图如图 5-18 所示。因此，使用 "==" 比较的结果为 false。

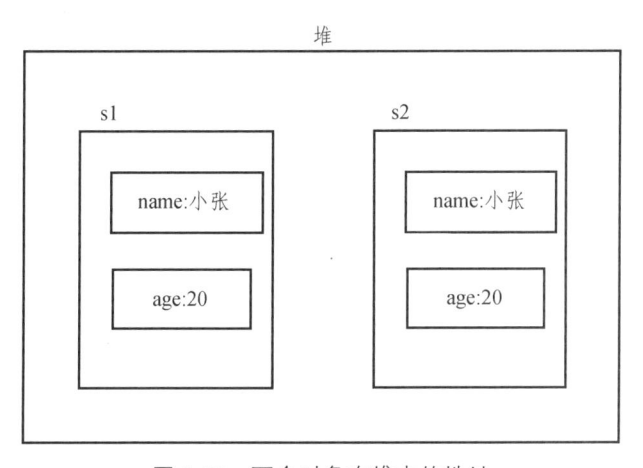

图 5-18　两个对象在堆中的地址

Student 类继承自 Object，Object 中的 equals( )通常用来比较两个对象是否相同，如果直接使用父类的 equals( )方法进行比较，默认也是比较地址。请看下面的代码。

```
1.   // 程序清单 5-41
2.   public class Demo04 {
3.       public static void main(String[] args) {
4.           Student s1=new Student("小张",20);
5.           Student s2=new Student("小张",20);
6.
```

```
7.        if(s1.equals(s2)){  // 也可以写成 s2.equals(s1)
8.            System.out.println("s1==s2");
9.        }
10.       else{
11.           System.out.println("s1!=s2");
12.       }
13.   }
14. }
```

s1.equals(s2)得到的值也是 false，因此程序输出"s1!=s2"。但是在企业开发中，经常需要得到 true。例如在程序清单 5-39 的第 47 行代码，检查集合中是否包含指定对象或删除指定对象，系统默认调用 Student 类的 equals( )方法比较集合中的对象和指定对象是否相同，很明显比较的结果为 false，因此会输出图 5-16 所示的结果。

那怎么办呢？我们需要重写 Student 的 equals( )方法，改变默认的比较方式，只要学生的姓名和年龄相同，两个对象就相等，如程序清单 5-42 所示。

```
1.  // 程序清单 5-42
2.  public class Student {
3.      private String name;
4.      private int age;
5.
6.      public Student(String name, int age) {
7.          this.name = name;
8.          this.age = age;
9.      }
10.
11.     @Override
12.     public boolean equals(Object obj) {
13.         Student s=(Student) obj;
14.         if(this.name.equals(s.name) &&
15.            this.age== s.age){
16.             return true;
17.         }
18.         return false;
19.     }
20.
21.     // 其他代码
22. }
```

```
23.
24.  public class Demo05 {
25.      public static void main(String[] args) {
26.          Student s1=new Student("小张",20);
27.          Student s2=new Student("小张",20);
28.
29.          if(s1.equals(s2)){  // 也可以写成 s2.equals(s1)
30.              System.out.println("s1==s2");
31.          }
32.          else{
33.              System.out.println("s1!=s2");
34.          }
35.      }
36.  }
```

第 12~19 行代码重写了 equals( )方法。第 14 和 15 行代码比较了两个对象的姓名和年龄，如果姓名和年龄都相同，返回 true，否则返回 false。程序最终输出 "s1==s2"。

可以再回头去测试程序清单 5-39，可以仔细观察程序的输出结果。

Object 还有一个 hashCode( )方法，该方法会返回一个整数，如果两个对象相同，那么 hashCode( )得到的整数应该相同。因此通常情况下，equals( )和 hashCode( )方法要同时重写，程序清单 5-43 所示。

```
1.   // 程序清单 5-43
2.
3.   import Java.util.Objects;
4.
5.   public class Student {
6.       private String name;
7.       private int age;
8.
9.       public Student(String name, int age) {
10.          this.name = name;
11.          this.age = age;
12.      }
13.
14.      @Override
15.      public boolean equals(Object obj) {
16.          Student s=(Student) obj;
```

```
17.            if(this.name.equals(s.name) &&
18.            this.age== s.age){
19.                return true;
20.            }
21.            return false;
22.        }
23.
24.        @Override
25.        public int hashCode() {
26.            return Objects.hash(name, age);
27.        }
28.
29.        // 其他代码
30.    }
```

可以自己试试两个相同对象的 hashCode 是否相同。

> **小提示**
> 　　Object 还有一个 toString()方法，用于获取对象的属性值，便于在控制台输出。因此，一般情况下，当创建一个类时，通常需要重写 equals()、hashCode()和 toString()方法。

知识点 5　遍历 List 集合

遍历是对 List 集合最常用的操作之一，所谓遍历就是取出集合中的每一个元素进行操作。遍历 List 集合有 3 种方法。

（1）使用 for 循环遍历：List 集合可以使用 for 循环进行遍历，for 循环中有循环变量，通过循环变量可以访问 List 集合中的元素。

（2）使用 for-each 循环遍历：for-each 循环是针对遍历各种类型集合而推出的，推荐使用这种遍历方法。

（3）使用 Iterator 迭代器遍历。

```
1.  // 程序清单 5-44
2.
3.  import java.util.ArrayList;
4.  import java.util.Iterator;
5.  import java.util.List;
6.
7.  public class Demo06 {
8.      public static void main(String[] args) {
```

```java
9.      List list = new ArrayList();
10.     String b = "B";
11.     // 向集合中添加元素
12.     list.add("A");
13.     list.add(b);
14.     list.add("C");
15.     list.add(b);
16.     list.add("D");
17.     list.add("E");
18.     // 1.使用 for 循环遍历
19.     System.out.println("--1.使用 for 循环遍历--");
20.     for (int i = 0; i < list.size(); i++) {
21.         System.out.printf(" 读 取 集 合 元 素 (%d): %s \n", i, list.get(i));
22.     }
23.     // 2.使用 for-each 循环遍历
24.     System.out.println("--2.使用 for-each 循环遍历--");
25.     for (Object item : list) {
26.         String s = (String) item;
27.         System.out.println("读取集合元素: " + s);
28.     }
29.     // 3.使用迭代器遍历
30.     System.out.println("--3.使用迭代器遍历--");
31.     Iterator it = list.iterator();
32.     while (it.hasNext()) {
33.         Object item = it.next();
34.         String s = (String) item;
35.         System.out.println("读取集合元素: " + s);
36.     }
37. }
38. }
```

上面的代码采用了 3 种方法遍历 List 集合。第 20~22 行代码采用 for 循环遍历 list 集合，需要通过 get 方法获得元素，如第 21 行代码中的 list.get(i)。第 25 ~ 28 行代码采用 for-each 循环遍历 list 集合，从集合中取出的元素都是 Object 类型，第 26 行代码强制转换对象为 String 类型。

第 31 ~ 36 行代码使用迭代器遍历集合。首先需要使用第 31 行代码获得迭代器对象，然后再使用第 32 行代码调用迭代器的 hasNext( )方法判断集合中是否还有元素可以迭代，有返回 true，没有返回 false。最后使用第 33 行代码调用迭代器的 next( )返回迭代的下一个元素，该方法返回元素类型为 Object，需要强制转换为 String 类型。

知识点 6　多线程

现在的操作系统基本都是多任务的，Windows 就是典型的多任务操作系统。所谓多任务就是能在同一时刻运行多个应用程序。例如，可以一边浏览网页一边听音乐。

在计算机中，每一个独立运行的程序都可以称为"进程"。在 Windows 中，右击任务栏，选择"任务管理器"，就能看到当前计算机上运行的程序，也就是进程，如图 5-19 所示。

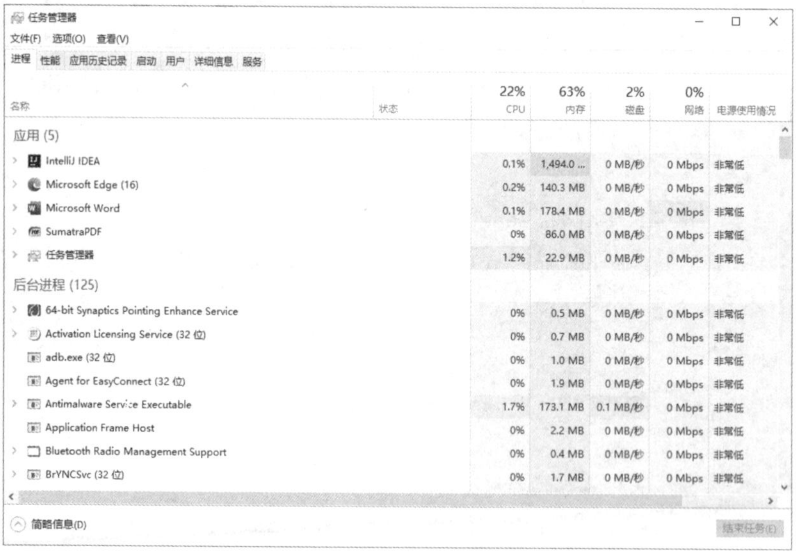

图 5-19　进程

表面上看，应用程序是同时运行的。我们都知道，所有程序的数据都交给 CPU 进行运算，但对于 CPU 来说，在一个时间点上只能运行一个程序（进程）。操作系统会给每一个程序（进程）分配一段有限的 CPU 使用时间，CPU 在这段时间结束后，在下一个时间段去执行别的程序（进程）。由于 CPU 运行速度很快，能在非常短的时间内在不同的进程之间切换，所以看起来是在同时执行多个程序。

每一个运行的程序可以有一个或多个同时执行的单元。这些单元称为线程。每一个进程至少有一个线程。当运行一个 Java 程序时，就会产生一个进程，这个进程中默认有一个线程。例如，在之前的任务中，默认线程运行的就是 GameWindow 类的 draw( )方法中的代码。

那么在 Java 中，如何增加新的线程呢？有两种方法：一种是继承 Java.lang 包中的 Thread 类，并重写 run( )方法；第二种是实现 Java.lang.Runnable 接口，并实现 run( )方法，如程序清单 5-45 所示。

```
1.  // 程序清单 5-45
2.
3.  public class Demo07 {
4.      public static void main(String[] args) {
5.          Thread01 thread01=new Thread01();
6.          thread01.start();
7.
8.          while (true){
9.              System.out.println("主线程的main()方法在执行");
10.         }
11.     }
12. }
13. class Thread01 extends Thread{
14.     @Override
15.     public void run() {
16.         while (true) {
17.             System.out.println("Thread01线程的run()方法在执行");
18.         }
19.     }
20. }
```

在上面的代码中，类 Thread01 继承自 Thread，重写了 run( )方法，循环在控制台输出"Thread01 线程的 run( )方法在执行"。第 5 行代码声明了 Thread 类的对象 thread01，第 6 行代码执行 start( )方法启动线程。线程启动后，会自动调用 run( )方法。第 8~10 行代码在控制台循环输出"主线程的 main( )方法在执行"。运行结果如图 5-20 所示。

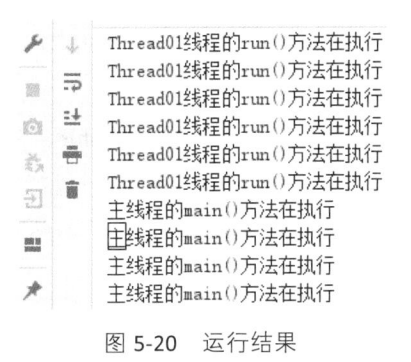

图 5-20　运行结果

程序清单 5-45 共有两个线程在执行，主线程执行 main( )方法中的无线循环，另外一个线程执行 Thread01 的 run( )方法。

> **小提示**
> 启动线程一定要调用 start()方法，不能直接调用 run()方法。直接调用 run()方法只是表示执行了 run()方法，线程其实是没有启动的。可以试一试，看看它们的区别。

还可以使用实现 Runnable 接口的方法创建新的线程，如程序清单 5-46 所示。

```java
// 程序清单 5-46

public class Demo08 {
    public static void main(String[] args) {
        Thread02 thread02=new Thread02();
        Thread t=new Thread(thread02);
        t.start();

        while (true){
            System.out.println("主线程的 main()方法在执行");
        }
    }
}

class Thread02  implements Runnable{
    @Override
    public void run() {
        while (true) {
            System.out.println("Thread01 线程的 run()方法在执行");
        }
    }
}
```

在上面的代码中，类 Thread02 实现了接口 Runnable，并重写了 run( )方法。第 5 行代码声明了 Thread02 的实例对象 thread02，与第一种方法不同，Runnable 接口中没有 start( )方法，因此不能直接调用 thread02 的 start( )方法启动线程。需要使用第 6～7 行代码所示的方法启动线程。

【任务实施】

实操步骤 1　分析——项目结构

在上一个任务中，我们实现了玩家跳跃，以及医疗包和草地的移动。类 Grassland、

MedicalBag、Player 和 GameWindow 的主要方法如图 5-21 所示。

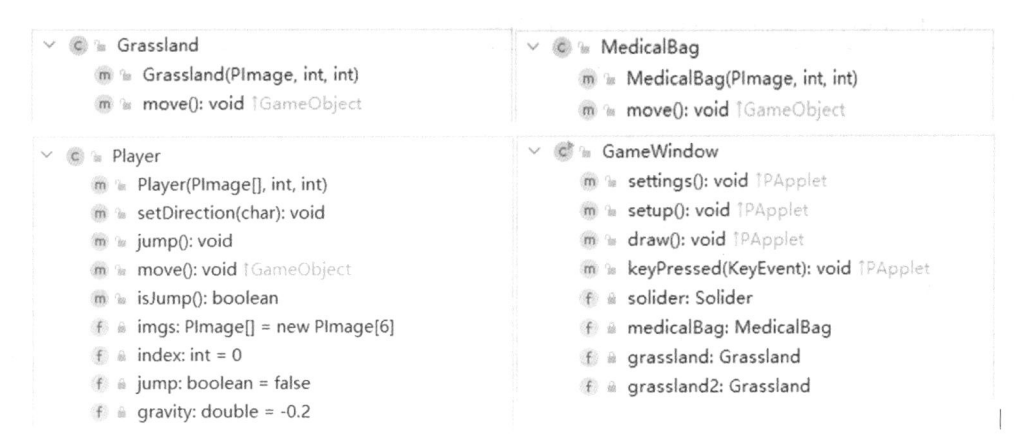

```
v  © Grassland                          v  © MedicalBag
   m   Grassland(PImage, int, int)         m   MedicalBag(PImage, int, int)
   m   move(): void ↑GameObject            m   move(): void ↑GameObject

v  © Player                             v  © GameWindow
   m   Player(PImage[], int, int)          m   settings(): void ↑PApplet
   m   setDirection(char): void            m   setup(): void ↑PApplet
   m   jump(): void                        m   draw(): void ↑PApplet
   m   move(): void ↑GameObject            m   keyPressed(KeyEvent): void ↑PApplet
   m   isJump(): boolean                   f   solider: Solider
   f   imgs: PImage[] = new PImage[6]      f   medicalBag: MedicalBag
   f   index: int = 0                      f   grassland: Grassland
   f   jump: boolean = false               f   grassland2: Grassland
   f   gravity: double = -0.2
```

图 5-21　主要方法

在 GameWindow 类中，只有一个医疗包 medicalBag，医疗包不断地向左移动，当移出窗体后，窗体上就不会再有医疗包了。

实操步骤 2　设计——使用 List 存储多个医疗包对象

显然需要在类 GameWindow 中删除成员变量 medicalBag，定义集合的对象 medicalBags 存储多个医疗包对象，并在 setup( )方法中初始化。代码如下：

```
1.    private List<MedicalBag> medicalBags;
2.    public void setup() {
3.          // 其他代码
4.
5.          medicalBags=_____
6.
7.          // 其他代码
8.    }
```

要持续不断地产生新的医疗包对象添加到集合 medicalBags 中，可以使用 while 循环。

```
1.    while(true){
2.          //产生新的医疗包对象并添加到集合 medicalBags 中
3.    }
```

这是一个永真循环，俗称"死循环"，肯定不能放到 GameWindow 的 setup( ) 或 draw( )方法中，因为一旦放进去，主线程就会永远执行这个 while 循环，没办法再响应用户的其他操作了，因此必须增加新的线程。

可以在 GameWindow 类中创建类 GenerateMedicalBag 继承自 Thread，重写 run( )方法，循环持续产生新的 MedicalBag 对象，添加到集合 medicalBags 中。在下面的方框中填写 GenerateMedicalBag 类的 run( )方法的代码。

注意：需要在 run()方法中使用 Thread.sleep(long millis)方法暂停线程，否则 medicalBags 集合中瞬间就会有许多医疗包对象。

思考一下，为什么要在 GameWindow 类中创建 GenerateMedicalBag 类？和组员讨论后在下面的方框中填写你的想法。

编写好 GenerateMedicalBag 后，需要在 GameWindow 的 setup( )方法中启动线程。请在下面的方框中填写启动线程的代码。

实操步骤 3　编码实现——在窗体上显示集合中的医疗包

在 GameWindow 类的 draw( )方法中，循环遍历集合 medicalBags 中的每一个医疗包对象，将对象显示在窗体上。请在下面的方框中写上遍历集合显示医疗包的代码。

实操步骤 4　编码实现——删除越界的医疗包

当医疗包移出窗体后，要将医疗包从集合中删除。请在下面方框中填写删除越界的医疗包的代码。

小提示

如果代码抛出 ConcurrentModificationException 异常，请查找资料，试着解决问题。

【评价测试】

完成任务后，请进行自我评价或小组交叉互评，并将结果填入表 5-14 中。

表 5-14　学生评价表

评价指标	评价标准	分值	得分
使用集合存储多个元素	能使用集合存储多个医疗包对象	10	
创建线程类	能使用继承 Thread 类或实现 Runnable 接口的方法创建线程类	10	
持续创建医疗包对象	能在线程类的 run( ) 方法中持续创建新的医疗包对象，并添加到集合中	30	
显示医疗包	遍历集合中的医疗包并在窗体上显示、移动，删除越界的医疗包对象	30	
运行结果	程序能正常运行，无 Bug，达到预期目标	20	

【拓展提升】

技能进阶 1　创建线程类

请使用实现 Runnable 接口的方法创建线程类。

技能进阶 2　遍历集合

遍历集合共有 3 种方法，请使用别的方法尝试显示集合中的对象。

技能进阶 3 Set 集合

Set 集合是由一串无序的、不能重复的相同类型元素构成的集合。Set 集合和 List 集合有明显的不同。List 集合强调的是有序，Set 集合强调的是不重复。当不考虑顺序且没有重复元素时，Set 集合和 List 集合可以互相替换的。

Set 接口直接实现类主要是 HashSet，其底层是散列表。详见 JDK 文档。

Set 接口也继承自 Collection 接口，Set 接口中大部分都是继承自 Collection 接口，见表 5-12。下面的代码演示了 Set 集合的常用方法。

```
1.  // 程序清单 5-47
2.
3.  public class Demo09 {
4.      public static void main(String[] args) {
5.          Set set = new HashSet();
6.          String b = "B";
7.          // 向集合中添加元素
8.          set.add("A");
9.          set.add(b);
10.         set.add("C");
11.         set.add(b);
12.         set.add("D");
13.         set.add("E");
14.         // 打印集合元素个数
15.         System.out.println("集合 size = " + set.size());
16.         // 打印集合
17.         System.out.println(set);
18.         // 删除集合中第一个"B"元素
19.         set.remove(b);
20.         // 判断集合中是否包含"B"元素
21.         System.out.println("是否包含\"B\": " + set.contains(b));
22.         // 判断集合是否为空
23.         System.out.println("set 集合是空的: " + set.isEmpty());
24.         // 清空集合
25.         set.clear();
26.         System.out.println(set);
27.     }
28. }
```

程序输出结果如图 5-22 所示。

```
集合size = 5
[A, B, C, D, E]
是否包含"B": false
set集合是空的: false
[]
```

图 5-22　输出结果

技能进阶 4　遍历 Set 集合

Set 集合中的元素由于没有序号，不能使用 for 循环进行遍历，但可以使用 for-each 循环和迭代器进行遍历。事实上这两种遍历方法也是继承自 Collection 集合，也就是说，所有的 Collection 集合类型都有这两种遍历方式，如程序清单 5-48 所示。

```
1.  // 程序清单 5-48
2.
3.  public class Demo10 {
4.      public static void main(String[] args) {
5.          Set set = new HashSet();
6.          String b = "B";
7.          // 向集合中添加元素
8.          set.add("A");
9.          set.add(b);
10.         set.add("C");
11.         set.add(b);
12.         set.add("D");
13.         set.add("E");
14.         // 1.使用 for-each 循环遍历
15.         System.out.println("--1.使用 for-each 循环遍历--");
16.         for (Object item : set) {
17.             String s = (String) item;
18.             System.out.println("读取集合元素: " + s);
19.         }
20.         // 2.使用迭代器遍历
21.         System.out.println("--2.使用迭代器遍历--");
22.         Iterator it = set.iterator();
23.         while (it.hasNext()) {
24.             Object item = it.next();
25.             String s = (String) item;
26.             System.out.println("读取集合元素: " + s);
```

```
27.        }
28.     }
29. }
```

技能进阶 5　Map 集合

Map 集合是双列集合，由两个集合组成，一个是键（key）集合，一个是值（value）集合。键集合是 Set 类型，因此不能有重复的元素。而值集合是 Collection 类型，可以有重复的元素。Map 集合中的键和值是成对出现的。例如记录一段话中，每一个单词出现的次数，就可以使用 Map，如图 5-23 所示。

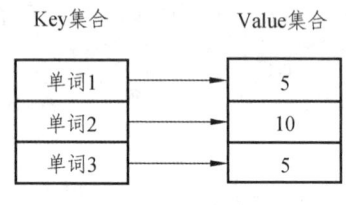

图 5-23　集合

Map 接口直接实现类主要是 HashMap，HashMap 的底层是散列表。常用的类 Properties 也是 Map 的实现类，详见 JDK 文档。

相对于 List 来说，由于 Map 既包含键又包含值，操作起来要麻烦一些。Map 接口提供了一系列方法管理和操作集合，常用方法见表 5-15。

表 5-15　Map 集合常用方法

方法/属性	说明
Object(Object key)	返回指定键所对应的值；如果 Map 集合中不包含该键值对，则返回 null
void put(Object key, Object value)	将指定键值对添加到集合中
boolean remove(Object key)	移除键值对
void clear( )	移除 Map 集合中所有键值对
boolean isEmpty( )	判断 Map 集合中是否有键值对，没有返回 true，有返回 false
boolean containsKey(Object key)	判断键集合中是否包含指定元素，包含返回 true，不包含返回 false。
boolean containsValue(Object value)	判断值集合中是否包含指定元素，包含返回 true，不包含返回 false
Set<K> keySet( )	返回 Map 中的所有键集合，返回值是 Set 类型
Collection<V> values( )	返回 Map 中的所有值集合，返回值是 Collection 类型
int size( )	返回 Map 集合中键值对数

常用方法示例代码如下：

```java
1.  // 程序清单 5-49
2.
3.  import java.util.HashMap;
4.  import java.util.Map;
5.
6.  public class Demo11 {
7.      public static void main(String[] args) {
8.          Map map = new HashMap();
9.          map.put(102, "张三");
10.         map.put(105, "李四");
11.         map.put(109, "王五");
12.         map.put(110, "董六");
13.         //"李四"值重复
14.         map.put(111, "李四");
15.         //109 键已经存在，替换原来值"王五"
16.         map.put(109, "刘七");
17.         // 打印集合元素个数
18.         System.out.println("集合 size = " + map.size());
19.         // 打印集合
20.         System.out.println(map);
21.         // 通过键取值
22.         System.out.println("109 - " + map.get(109));
23.         System.out.println("108 - " + map.get(108));
24.         // 删除键值对
25.         map.remove(109);
26.         // 判断键集合中是否包含 109
27.         System.out.println("键集合中包含 109？"+ map.containsKey(109));
28.         // 判断值集合中是否包含 "李四"
29.         System.out.println("值集合中包含李四？" + map.containsValue("李四"));
30.         // 判断集合是否为空
31.         System.out.println("集合是空的：" + map.isEmpty());
32.         // 清空集合
33.         map.clear();
```

```
34.            System.out.println(map);
35.        }
36. }
```

第 8 行代码声明 Map 类型集合变量 map，使用 HashMap 类实例化，Map 是接口不能实例化，要使用实现类实例化。Map 集合添加键值对的时候需要注意两个问题：第一，如果键已经存在，则会替换原有值，第 11 行代码 109 键原来对应的是"王五"，第 16 行代码会将"王五"替换为"刘七"；第二，如果键不同，值已经存在，则不会替换，第 10 行和第 14 行代码添加了两个相同的值"李四"。

第 22 行和第 23 行代码是通过键取对应的值，如果不存在键值对，则返回 null，代码第 23 行的 108 键对应的值不存在，所以这里打印的 null。

技能进阶 6 遍历 Map 集合

Map 集合遍历与 List 和 Set 集合不同，Map 有两个集合，因此遍历过程可以只遍历值的集合，也可以只遍历键的集合，也可以同时遍历。这些遍历过程都可以使用 for-each 循环和迭代器进行遍历，如程序清单 5-50 所示。

```
1.  // 程序清单 5-50
2.
3.  import java.util.*;
4.
5.  public class Demo12 {
6.      public static void main(String[] args) {
7.          Map map = new HashMap();
8.          map.put(102, "张三");
9.          map.put(105, "李四");
10.         map.put(109, "王五");
11.         map.put(110, "董六");
12.         map.put(111, "李四");
13.         // 1.使用 for-each 循环遍历
14.         System.out.println("--1.使用 for-each 循环遍历--");
15.         // 获得键集合
16.         Set keys = map.keySet();
17.         for (Object key : keys) {
18.             int ikey = (Integer) key; // 自动拆箱
19.             String value = (String) map.get(ikey); // 自动装箱
20.
                System.out.printf("key=%d - value=%s \n", ikey, value);
```

```
21.         }
22.         // 2.使用迭代器遍历
23.         System.out.println("--2.使用迭代器遍历--");
24.         // 获得值集合
25.         Collection values = map.values();
26.         // 遍历值集合
27.         Iterator it = values.iterator();
28.         while (it.hasNext()) {
29.             Object item = it.next();
30.             String s = (String) item;
31.             System.out.println("值集合元素：" + s);
32.         }
33.     }
34. }
```

任务 5　碰撞检测

【需求分析】

本次任务要求大家在任务4的基础上在草地上添加石头，并实现游戏物体的碰撞检测。当玩家碰到医疗包，医疗包消失；玩家碰到草地上的石头，游戏结束，如图5-24所示。

图 5-24　答题结束

【学习目标】

（1）能描述游戏碰撞检测原理；

（2）能在程序中使用矩形碰撞检测游戏物体是否发生碰撞。

【职业证书对接】

表 5-16　大数据应用开发（Java）职业技能等级要求（中级）

工作任务	职业技能要求
Java 高级 API 编程	能对数据进行结构化和非结构化分析，熟练运用 List、Set、Map 等接口及其子类存取复杂数据对象
多线程并发优势应用	能熟练使用 Java 的多线程 API 创建线程类； 能有效控制线程的启动、终止和暂停
代码调试与程序缺陷修正	能根据程序语法规则，独立完成代码语法的错误识别和修正； 能根据软件功能需求，独立完成代码逻辑错误的识别和修正； 能通过输入/输出调试程序逻辑； 能独立进行异常处理调试

【相关知识】

扫码加入课程。

配套 MOOC 资源

知识点 1　碰撞检测

2D 环境中，在有些特定的场景下，要约定好检测条件就能实现碰撞检测。例如在本模块任务 3 "让玩家跳起来"的相关知识点中做的小游戏"弹跳的小球"，就是约定好当小球碰到窗口的上边界或下边界时反弹。

但在大多数场景下约定简单的检测条件是没办法实现碰撞检测的，如两个运动的物体。在 2D 环境中，常见的碰撞检测方法有外界图形判别方法（圆形碰撞、矩形碰撞）、光线投射法、像素检测法等。这里以矩形检测为例，介绍如何判断游戏物体是否发生碰撞。

知识点 2　矩形碰撞检测

假定在游戏窗口中有两个矩形 r1 和 r2。每个矩形都有属性 x,y 表示左上角在窗口中的坐标，width 和 height 表示矩形宽和高，如图 5-25 所示。

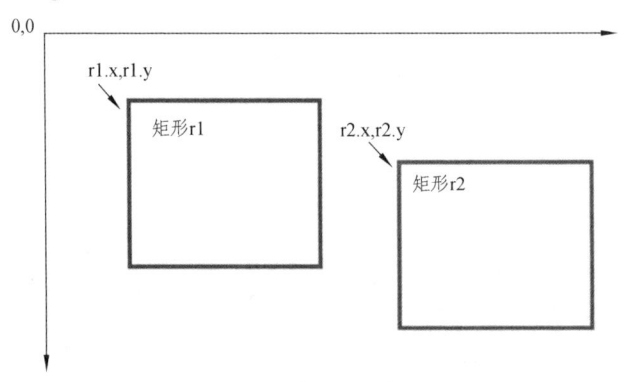

图 5-25　矩形 r1 和 r2

可以检测两个矩形在 x 轴方向是否发生了碰撞，有两种情况，如图 5-26 所示。

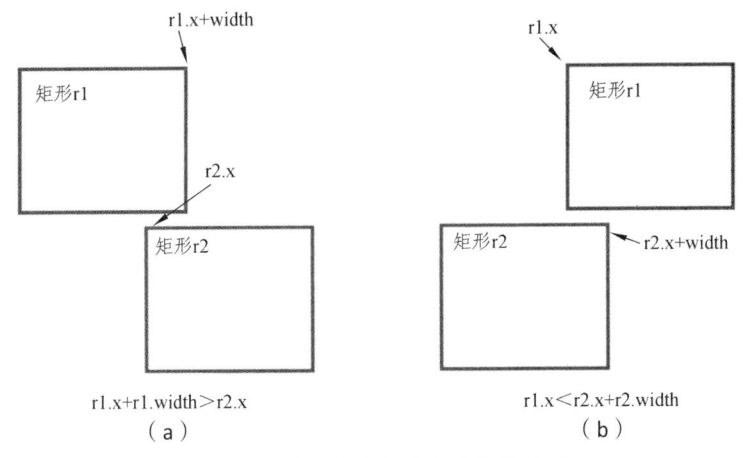

图 5-26　在 X 轴方向发生碰撞的情况

图 5-26（a）所示图形成立的条件是：r1.x+r1.width>r2.x。图 5-26（b）所示，图形成立的条件是：r1.x<r2.x+r2.width。两种情况必须同时成立。因此，要用&&连接，表达式写为：r1.x+r1.width>r2.x && r1.x<r2.x+r2.width，表示 x 方向上发生了碰撞。

如图 5-26 所示，实际上两个矩形并未发生碰撞，因此不仅要检测 x 方向是否碰撞，还要检测 y 方向上是否发生碰撞，如图 5-27 所示。

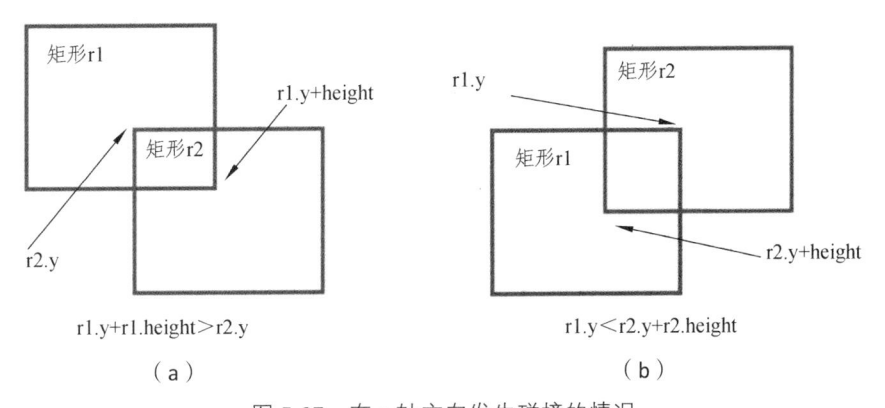

图 5-27　在 y 轴方向发生碰撞的情况

由图 5-27 可知，检测 y 方向是否发生碰撞的条件为：r1.y+r1.height>r2.y && r1.y<r2.y+r2.height。因此，矩形检测的条件为

1. r1.x+r1.width>r2.x && r1.x<r2.x+r2.width &&
2. r1.y+r1.height>r2.y && r1.y<r2.y+r2.height

需要注意的是，矩形碰撞检测对于不规则图形进行检测时，存在精度不高的问题。另外，物体运动速度过快时，可能会在相邻两帧之间快速穿越，导致忽略了本应碰撞的事件发生。

【任务实施】

扫描右方二维码下载石头图片。

实操步骤 1　分析——项目结构

上一个任务在类 GameWidow 中定义了集合对象 medicalBags 存储多个医疗包，创建了内部类 GenerateMedicalBag 继承 Thread，重写了 run( )方法，间隔一定时间持续创建新的医疗包对象并加入 medicalBags 集合中。最后在 draw( )方法中遍历集合 medicalBags 在窗口中显示医疗包。类结构如图 5-28 所示。

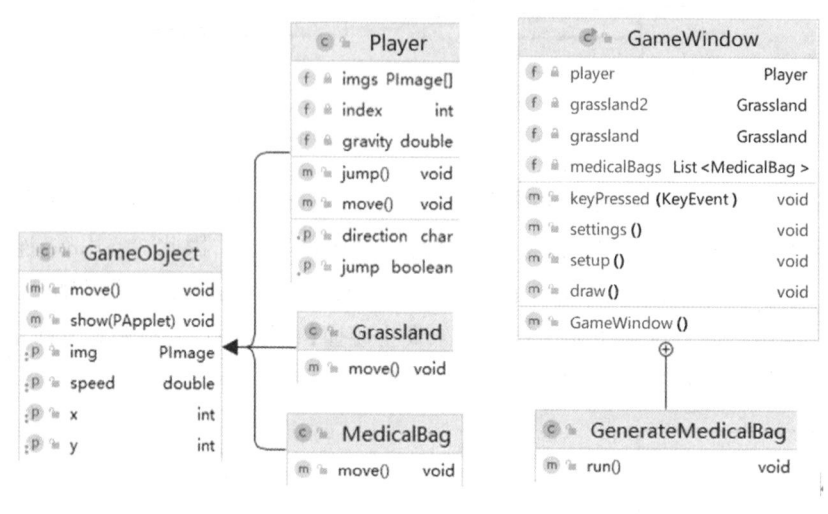

图 5-28　类结构

实操步骤 2　设计——新增石头类

1. 定义类 Stone

石头如同医疗包一样，需要从右往左移动。因此，需要定义类 Stone 表示石头，同医疗包一样继承自 GameObject，如图 5-29 所示。

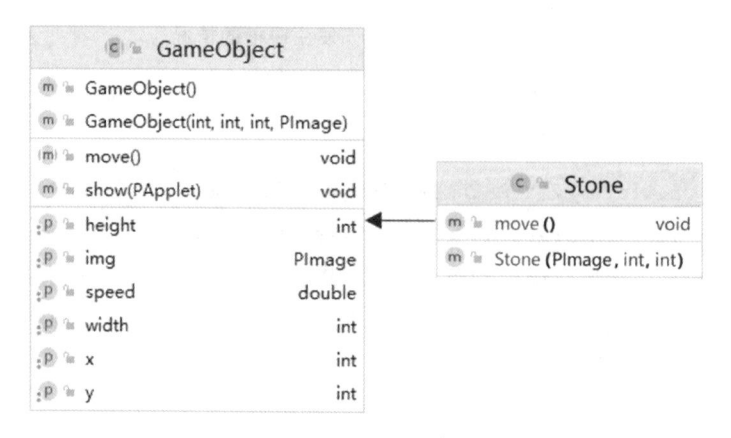

图 5-29　Stone 类

2. 定义集合对象

在 GameWindow 类中定义成员变量 stones，用于保存石头列表，如图 5-30 所示。

图 5-30　定义成员变量 stones

3. 创建线程类

在 GameWindow 类中创建内部线程类 GenerateStone，持续生成石头对象。在 GameWindow 类的 setup( )方法中启动线程，如图 5-31 所示。

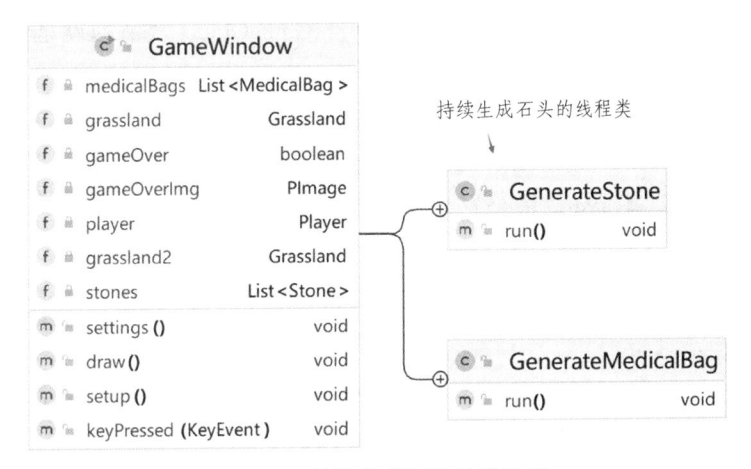

图 5-31　持续生成石头的线程类

4. 显示石头

在 GameWindow 类的 draw( )方法中遍历 stones 集合中的对象，在窗体上移动、显示石头。如果石头移动到了屏幕最左边，则将石头对象从集合中删除。

实操步骤 3　编码实现——新增碰撞检测类

医疗包和玩家、石头之间都会发生碰撞，也就是说医疗包、玩家和石头类都应该有一个碰撞方法。如果在每一个类中都声明碰撞方法，显然是不合适的，应该采用继承的思想，在其父类 GameObject 中声明碰撞方法，类设计如图 5-32 所示。

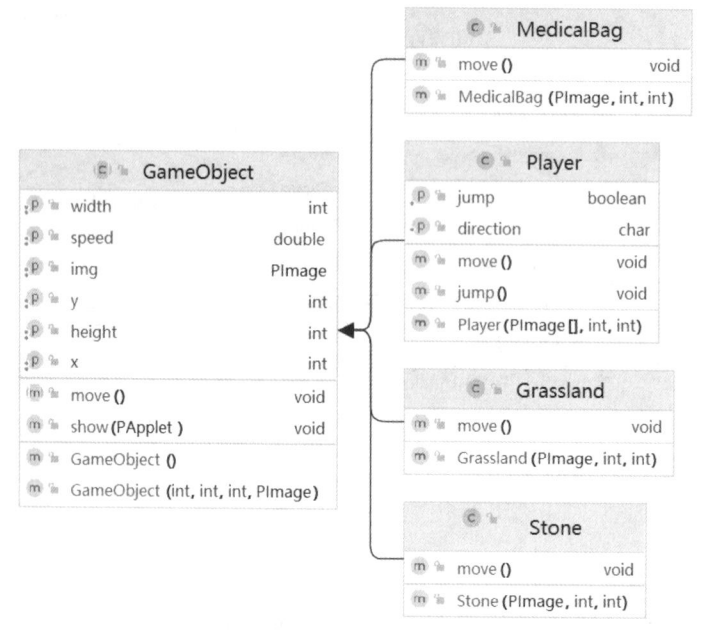

图 5-32 GameObject 类设计

从图 5-32 中可以看出，Grassland 也继承自 GameObject 类，也就是说，Grassland 也会拥有 collide( )碰撞方法，显然也是不合适的。

怎么办呢？我们可以设计一个新的类 CollideObject。类设计如图 5-33 所示。方法 collide( )用于碰撞检测，变量 live 表示游戏物体是否生存，初始值为 true，如果游戏物体发生了碰撞，需要将 live 变量改为 false，表示游戏物体已经死亡。

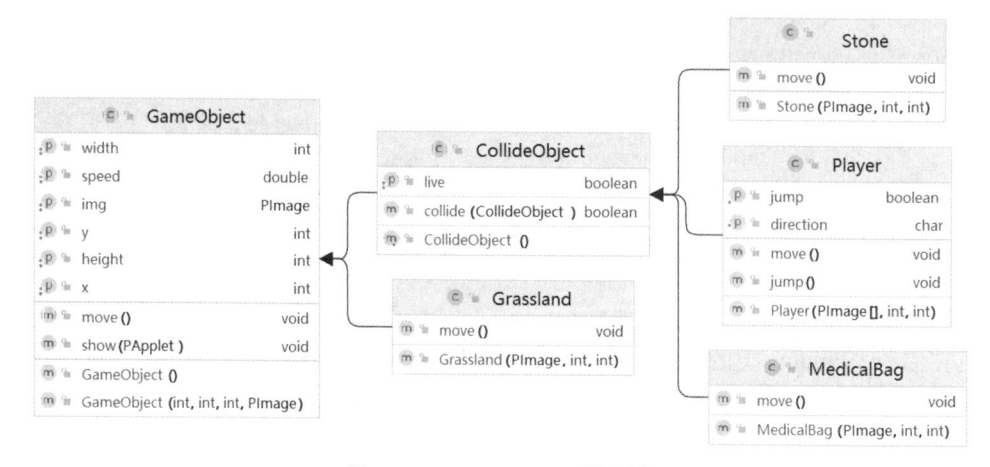

图 5-33 CollideObject 类设计

请参照图 5-33 在程序中新增 CollidateObject 类。在 collide( )方法中应用矩形碰撞检测，当游戏物体发生碰撞时，将游戏物体的 live 改为 false。请在下面的方框中填写 CollidateObject 类的 collidate( )方法的代码。

实操步骤 4 编码实现——医疗包碰撞检测

参照图 5-33，修改医疗包类(MedicalBag)、玩家类(Player)的继承关系，将父类更改为 CollidateObject。在 GameObject 类的 draw( )方法中，调用 collidate( )方法检查玩家和医疗包是否发生碰撞，如果玩家碰到医疗包，医疗包的生存状态为 false，并从屏幕上消失。

实操步骤 5 编码实现——石头碰撞检测

参照实操步骤 4，实现玩家与石头之间的碰撞。与实操步骤 4 不同的是，玩家碰到石头后，游戏结束，程序显示 data\Game\答题结束.png 图片，游戏画面处于静止状态。

【评价测试】

完成任务后，请进行自我评价或小组交叉互评，并将结果填入表 5-17 中。

表 5-17 学生评价表

评价指标	评价标准	分值	得分
使用集合存储多个元素	能使用集合存储多个石头对象	10	
持续创建石头对象	能在线程类的 run( )方法中持续创建新的石头对象，并添加到集合中	10	
显示石头	遍历集合中的石头并在窗体上显示、移动，删除越界的医疗包对象	10	
碰撞检测	能实现玩家碰撞医疗包、石头的检测	40	
游戏结束	玩家碰到石头后，显示游戏结束，游戏画面静止	10	
运行结果	程序能正常运行，无 Bug，达到预期目标	20	

【拓展提升】

技能进阶　丰富游戏道具

可以给游戏添加更多的道具或障碍物，如增加玩家的生命值，当玩家碰到石头，生命值减少，当玩家碰到医疗包，生命值增加，如果生命值为 0，游戏结束，以提升游戏的难度和可玩度。

任务 6　给程序添加音效

【需求分析】

在任务 5 的基础上给程序添加合适的音效会大幅提升用户体验。本次任务要求大家给程序添加背景音乐以及玩家起跳的音效。

【学习目标】

（1）能描述什么是 jar 包以及 jar 包的作用；
（2）能在程序中使用第三方 jar 包播放声音文件。

【职业证书对接】

表 5-18　大数据应用开发（Java）职业技能等级要求（初级）

工作任务	职业技能要求
面向对象代码编写	理解类和对象机制，熟练运用 Java 的面向对象机制，用"类"的语法封装对象的行为和状态

【相关知识】

扫码加入课程。

知识点 1　minim 库

在 Processing 中播放音乐可以使用 minim 库。打开中央仓库，查找关键字 a:minim，如图 5-34 所示，下载 minim 库。

Group ID	Artifact ID	Latest Version		Updated	OSS Index	Download
net.compartmental.code	minim	2.2.2	(1)	31-May-2017		

图 5-34　minim 库

点击"Last Version"列的"2.2.2"，打开新的页面，找到依赖，如图 5-35 所示。

```
<dependencies>
    <dependency>
        <groupId>org.apache.maven.plugins</groupId>
        <artifactId>maven-javadoc-plugin</artifactId>
        <version>2.10.4</version>
    </dependency>
    <dependency>
        <groupId>com.googlecode.soundlibs</groupId>
        <artifactId>tritonus-share</artifactId>
        <version>0.3.7-2</version>
    </dependency>
    <dependency>
        <groupId>com.googlecode.soundlibs</groupId>
        <artifactId>mp3spi</artifactId>
        <version>1.9.5-1</version>
    </dependency>
    <dependency>
        <groupId>javazoom</groupId>
        <artifactId>jlayer</artifactId>
        <version>1.0.1</version>
    </dependency>
</dependencies>
```

图 5-35　依赖

从图 5-35 中可以看出，minim 库还依赖了 tritonus-share、mp3api 和 jlayer。请下载这 3 个 jar 包，下载时注意版本一定要完全对应，并将其引入项目中。也可以扫描右方二维码下载上述几个 jar 包。

jar 包

知识点 2　播放声音文件

播放声音文件需要用到类 Minim、AudioPlayer，示例代码如下：

```
1.  // 程序清单 5-51
2.
3.  package demo;
4.
5.  import ddf.minim.AudioPlayer;
6.  import ddf.minim.Minim;
7.  import processing.core.PApplet;
8.
9.  public class Demo01 extends PApplet {
10.     public void settings(){
11.         size(400,300);
12.     }
13.     public void setup(){
```

```
14.         Minim minim=new Minim(this);
15.         AudioPlayer music=null;
16.         music=minim.loadFile("Sound/背景音乐.mp3");
17.         music.play();
18.         music.loop();
19.     }
20.     public void draw(){
21.
22.     }
23.     public static void main(String[] args) {
24.         PApplet.main("demo.Demo01");
25.     }
26. }
```

第 14 行代码创建对象 minim，第 15 行代码创建对象 music，第 16 行代码加载名为"背景音乐.mp3"的文件。第 17 行代码调用 play( )方法播放声音文件，第 18 行代码调用 loop( )表示循环播放。

【任务实施】

扫描右方二维码下载背景音乐和玩家起跳的音效。

音乐素材

实操步骤 1　分析——项目结构

在上一个任务中，主要新增了类 CollideObject 继承自 GameObject，Stone 类继承自 CollideObject，修改类 Player 和 MedicalBag 的父类为 CollideObject，结构如图 5-36 所示。

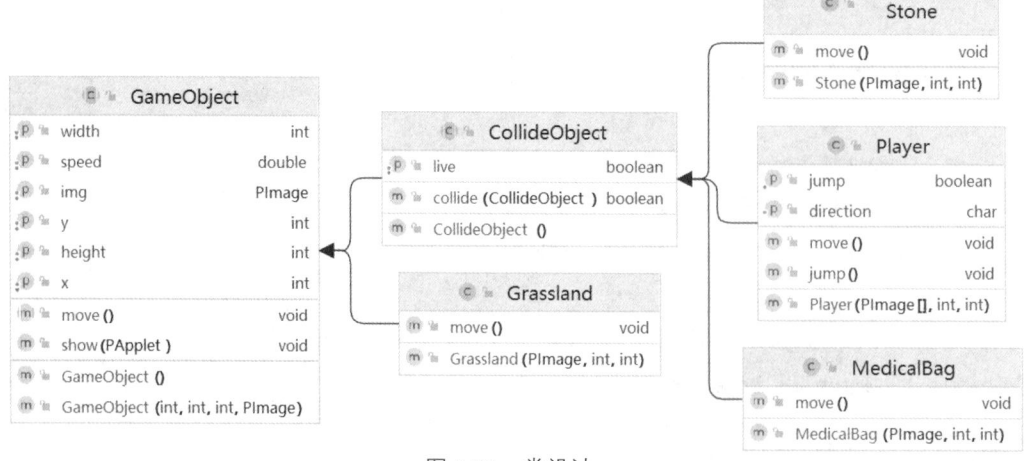

图 5-36　类设计

将下载的 jar 包放到根目录的 lib 文件夹中，项目结构如图 5-37 所示。

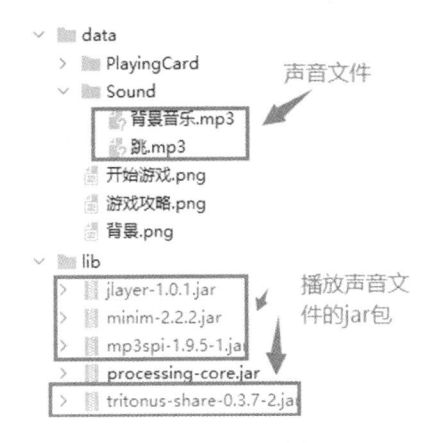

图 5-37　项目结构

实操步骤 2　编码实现——添加背景音乐

在类 GameWindow 中添加成员变量 bgMusic，表示背景音乐，在 GameWindow 的 setup( )方法中加载 data/Sound 文件夹下的声音文件"背景音乐.mp3"，并循环播放。请参照知识点 2 编写代码。

实操步骤 3　编码实现——添加起跳音效

请参见知识点 2，当玩家起跳后，添加起跳音乐。每起跳一次都要有音效，需要重复播放声音文件。重复播放声音文件前要调用 rewind( )方法，重置文件。

【评价测试】

完成任务后，请进行自我评价或小组交叉互评，并将结果填入表 5-19 中。

表 5-19　学生评价表

评价指标	评价标准	分值	得分
导入 minim 库	能正确下载 minim 及其依赖的 jar 包，并将其引入项目中	10	
引入声音文件	能正确在项目中以相对路径引入声音文件	10	
背景音效	程序运行时，能循环播放背景音乐	30	
起跳特效	玩家跳起后，播放起跳音效。起跳一次，播放一次	30	
运行结果	程序能正常运行，无 Bug，达到预期目标	20	

【拓展提升】

技能进阶　添加其他音效

给程序添加玩家碰到医疗包、石头以及游戏结束时的音效。

任务 7　新建答题窗口

【需求分析】

本次任务要求大家在任务 6 的基础上实现玩家碰到医疗包后，要弹出答题窗口，如图 5-38 所示。

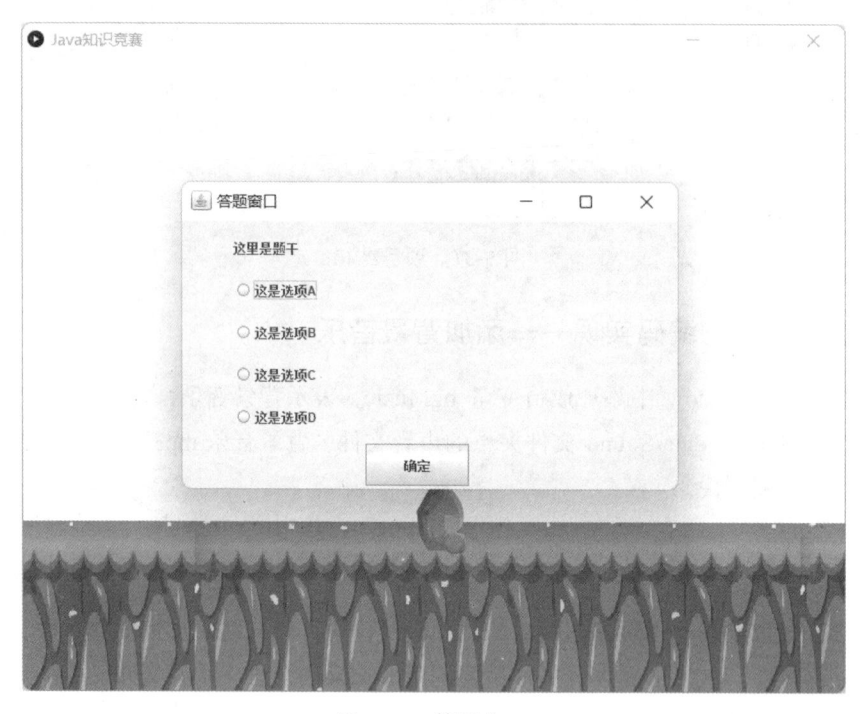

图 5-38　答题窗口

【学习目标】

（1）能使用 Swing 组件创建窗体；
（2）能使用布局管理器对组件进行布局；
（3）能使用事件处理机制响应用户操作。

【职业证书对接】

表 5-20　大数据应用开发（Java）职业技能等级要求（初级）

工作任务	职业技能要求
面向对象代码编写	理解类和对象机制，熟练运用 Java 的面向对象机制，用"类"的语法封装对象的行为和状态
代码调试与程序缺陷修正	能根据程序语法规则，独立完成代码语法的错误识别和修正； 能根据软件功能需求，独立完成代码逻辑错误的识别和修正； 能通过输入/输出调试程序逻辑； 能独立进行异常处理调试

【相关知识】

扫码加入课程。

知识点 1　AWT 和 Swing

Java 针对 GUI（Graphical User Interface，图形用户界面）开发提供的 API 有 AWT 和 Swing 两种。AWT 是 SUN 公司最早推出的图形用户界面 API，它是基于本地操作系统图形库的，不能跨平台。

Swing 组件是 SUN 公司对 AWT 的改进。简单来说，Swing 中的绝大部分组件都是由 Java 语言编写的，与操作系统的图形库无关，不依赖于本地平台，可以做到跨平台。这里主要讲解 Swing 组件。

Swing 提供了一系列的组件，用于实现图形界面，如窗体、按钮、文本框、单选框、标签等。每一个组件都是一个类，这些类都在 Java.swing 包中。Swing 中常用组件如图 5-39 所示。

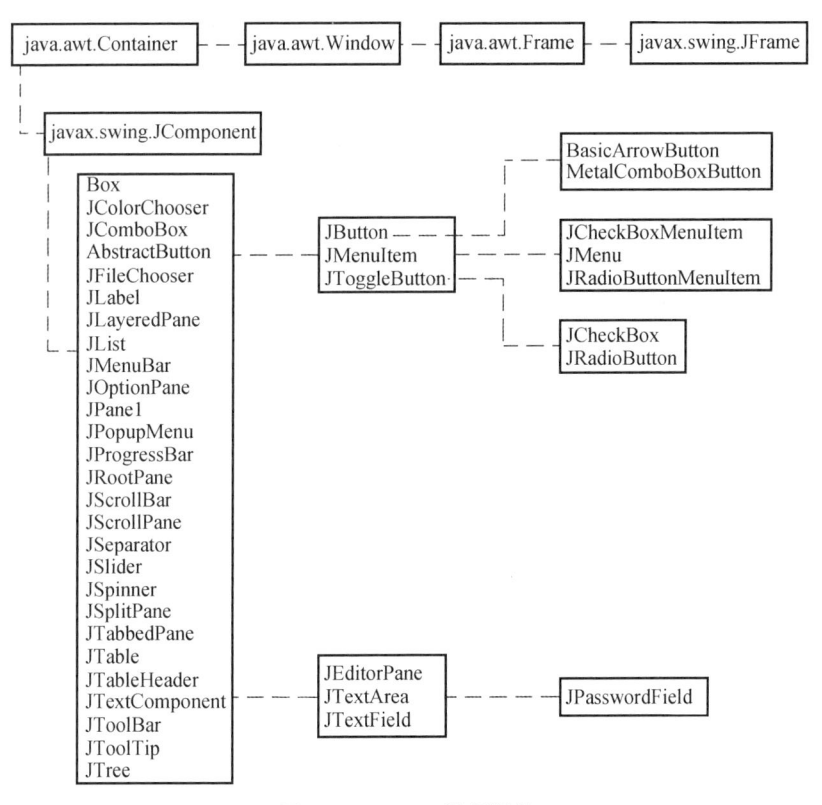

```
java.awt.Container ── java.awt.Window ── java.awt.Frame ── javax.swing.JFrame
         │
         └─ javax.swing.JComponent
              │
              ├─ Box
              │  JColorChooser
              │  JComboBox
              │  AbstractButton ──┬── JButton ──┬── BasicArrowButton
              │  JFileChooser     │  JMenuItem  │    MetalComboBoxButton
              │  JLabel           │  JToggleButton
              │  JLayeredPane     │             ├── JCheckBoxMenuItem
              │  JList            │             │   JMenu
              │  JMenuBar         │             │   JRadioButtonMenuItem
              │  JOptionPane      │
              │  JPanel           │             └── JCheckBox
              │  JPopupMenu       │                 JRadioButton
              │  JProgressBar
              │  JRootPane
              │  JScrollBar
              │  JScrollPane
              │  JSeparator
              │  JSlider
              │  JSpinner
              │  JSplitPane
              │  JTabbedPane
              │  JTable
              │  JTableHeader     ── JEditorPane
              │  JTextComponent──   JTextArea  ── JPasswordField
              │  JToolBar            JTextField
              │  JToolTip
              └  JTree
```

图 5-39　Swing 常用组件

知识点 2　常用组件

1. JFrame

JFrame 是 Swing 组件中最常用的组件，它是顶级窗口，其他继承自 JComponent 类的组件都需要放到 JFrame 中。

```
1.   // 程序清单 5-52
2.   package demo;
3.
4.   import javax.swing.*;
5.
6.   public class Demo01 extends JFrame {
7.       public Demo01(){
8.           this.setTitle("示例窗口");    // 设置窗体的标题文本
9.           this.setSize(400,300);    // 设置窗体大小
10.          this.setLayout(null);    // 不使用布局模式，使用绝对定位
11.
12.          JButton btn1=new JButton("按钮1");    // 实例化按钮
13.          btn1.setBounds(100,100,100,30);    // 设置按钮的位置及大小
14.          this.add(btn1);    // 添加按钮到窗体
15.
16.          this.setVisible(true);    // 设置窗体可见
17.      }
18.
19.      public static void main(String[] args) {
20.          new Demo01();
21.      }
```

程序清单 5-52 的第 6 行代码定义类 Demo01，继承自 JFrame，表示它是一个窗体。第 8 行代码设置窗体的标题文本；第 9 行代码设置窗体大小；第 10 行代码设置布局模式为 null，表示添加到窗体中的组件不使用布局模式，而使用绝对定位；第 12～14 行代码创建了组件按钮，按钮显示的文本为"按钮 1"，按钮的宽度为 100 像素，高度 30 像素，被添加在窗体的 (100,100) 位置；第 16 行代码显示窗体。

main( ) 方法中的第 20 行代码声明了类 Demo01 的一个实例，自动调用类的构造方法。程序运行结果如图 5-40 所示。

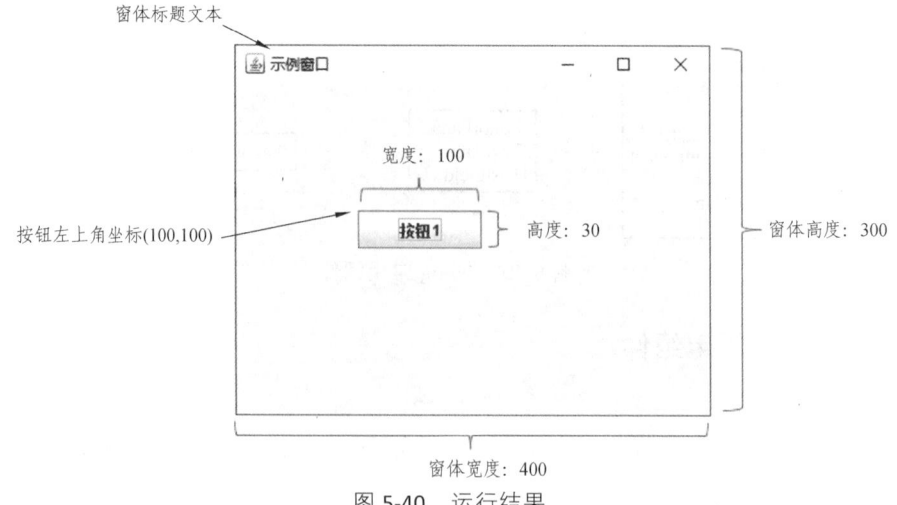

图 5-40 运行结果

2. 文本组件

文本组件用于接收用户输入的信息或向用户展示信息,包括普通文本框(JTextField)、文本域(JTextArea),它们都继承自 JTextComponent,如图 5-41 所示。JTextComponent 提供了文本组件的常用方法,见表 5-21。

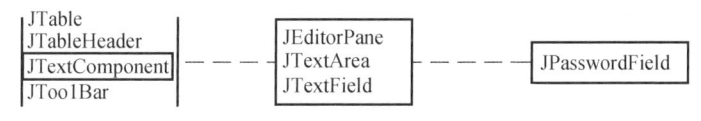

```
JTable
JTableHeader
JTextComponent  ----  JEditorPane
JToolBar              JTextArea     ----  JPasswordField
                      JTextField
```

图 5-41 文本组件

表 5-21 JTextComponent 类的常用方法

方法	说明
String getText( )	获取文本组件中所有的文本
String getSelectedText( )	获取文本组件中选中的文本
void selectAll( )	选中文本组件中所有的文本
void setEditable( )	设置文本组件的编辑状态(可以编辑/不可以编辑两种状态)
voide setText(String text)	将给定的内容显示在文本组件中

JTextField 继承了 JTextComponent 的常用方法。声明文本框通常都要调用 JTextField 的构造方法,常用构造方法如表 5-22 所示。

表 5-22 JTextField 的常用构造方法

方法	说明
JTextField( )	创建一个文本框,文本框中无显示
JTextField(int columns)	创建一个宽度为 columns 列的文本框,文本框中无显示
JTextField(String text)	创建一个文本框,文本框中显示的内容为 text 的值
JTextField(String text,int columns)	创建一个文本框,宽度为 columns 列,文本框中显示的内容为 text 的值

JPassword 是 JTextField 的子类,表示密码框,密码框中的文本显示为"*",它的构造方法与 JTextField 的构造方法类似。

JTextArea 是文本域,与 JTextField 不同,它可以接收多行文本。JTextArea 的常用构造方法如表 5-23 所示。

表 5-23 JTextArea 的常用构造方法

方法	说明
JTextArea ( )	创建一个文本域,文本域中无显示
JTextArea (int rows,int columns)	创建具有指定行数和列数的文本域,文本域中无显示
JTextArea (String text)	创建一个文本域,文本域中显示的内容为 text 的值
JTextArea (String text,int rows,int columns)	创建具有指定行数和列数的文本域,文本域中显示的内容为 text 的值

3. 标签组件

类 JLabel 用于显示不能更改的文本。JLabel 的常用方法如表 5-24 所示。

表 5-24 JLabel 的常用方法

方法	说明
JLabel( )	创建无图像并且其标题为空字符串的 JLabel
JLabel(String text)	创建具有指定文本的 JLabel 实例
JLabel(String text, int lignment)	创建具有指定文本和水平对齐方式的 JLabel 实例
String getText( )	返回该标签所显示的文本字符串
setText(String text)	定义此组件将要显示的单行文本

4. 按钮组件

JButton、JCheckBox、JRadioButton 都是常见的按钮组件，是抽象类 AbstractButton 的直接子类或间接子类，如图 5-42 所示。

```
vax.swing.JComponent
┌─────────────────┐
│ Box             │                           BasicArrowButton
│ JColorChooser   │                           HetalComboBoxButton
│ JComboBox       │        ┌──────────────┐
│ AbstractButton  │────────│ JButton      │    JCheckBoxMenuItem
│ JFileChooser    │        │ JMenuItem    │    JMenu
│ JLabel          │        │ JToggleButton│    JRadioButtonMenuItem
│ JLayeredPane    │        └──────────────┘
│ JList           │                           JCheckBox
│ JMenuBar        │                           JRadioButton
└─────────────────┘
```

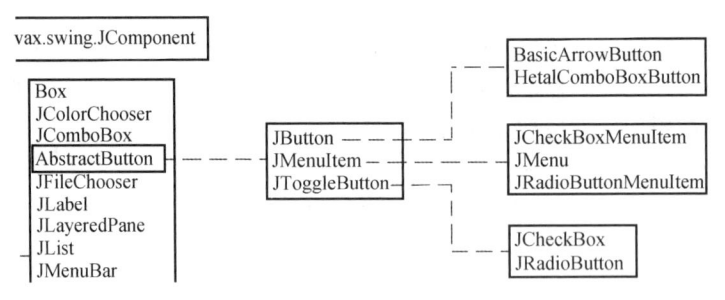

图 5-42 按钮组件

AbstractButton 提供了按钮组件的常用方法，如表 5-25 所示。

表 5-25 AbstractButton 类的常用方法

方法	说明
void getText( )	获取按钮的文本
void setText(String text)	设置按钮上的文本
void setEnable(boolean b)	启用（或禁用）按钮
void setSelected(boolean b)	设置按钮的状态，b 为 true，按钮是选中状态，反之为未选择状态
boolean isSelected( )	获取按钮的状态，选中返回 true，未选中返回 false

JButton 是普通按钮,继承了 AbstractButton 的常用方法。它的常用构造方法如表 5-26 所示。

表 5-26　JButon 类的常用构造方法

方法	说明
JButton( )	创建不带有设置文本或图标的按钮
JButton(String text)	创建一个带文本的按钮

JCheckBox 是复选框，它有选中和未选中两种状态，通常使用 isSelected( )方法获取按钮的选中状态，setSelected(boolean b)设置按钮的状态。它的常用构造方法如表 5-27 所示。

表 5-27　JCheckBox 类的常用构造方法

方法	说明
JCheckBox( )	创建一个没有文本、没有图标并且最初未被选定的复选框
JCheckBox(String text)	创建一个带文本的、最初未被选定的复选框
JCheckBox(String text, boolean selected)	创建一个带文本的复选框，并指定其最初是否处于选定状态

JRadioButton 是单选组件，与 JCheckBox 不同的是，在多个单选按钮中，只能选中一个。JRadioButton 的常用构造方法如表 5-28 所示。

表 5-28　JRadioButton 类的常用构造方法

方法	说明
JRadioButton( )	创建一个初始化为未选择的单选按钮，其文本未设定
JRadioButton(String text)	创建一个具有指定文本的状态为未选择的单选按钮
JRadioButton(String text, boolean selected)	创建一个具有指定文本和选择状态的单选按钮

在企业开发中，同一组下可能有多个单选按钮，如"男"和"女"，选择了"男"后，会自动取消对"女"的选择，反之亦然。要实现这种互斥功能，需要使用 ButtonGroup 类，示例代码如下：

```
1.  // 程序清单 5-53
2.
3.  package demo;
4.
5.  import javax.swing.*;
6.
7.  public class Demo02 extends JFrame {
```

```
8.      public Demo02(){
9.
10.         this.setTitle("示例窗口");
11.         this.setSize(400,300);
12.         this.setLayout(null);
13.
14.         ButtonGroup group=new ButtonGroup();
15.         JRadioButton rbtn1=new JRadioButton("单选按钮1",true);
16.         JRadioButton rbtn2=new JRadioButton("单选按钮2");
17.         group.add(rbtn1);
18.         group.add(rbtn2); // 将rbtn1和rbtn2设置同一组
19.
20.         rbtn1.setBounds(100,50,100,30);
21.         rbtn2.setBounds(100,100,100,30);
22.
23.         this.add(rbtn1);
24.         this.add(rbtn2);
25.
26.         this.setVisible(true);
27.     }
28.
29.     public static void main(String[] args) {
30.         new Demo02();
31.     }
32. }
```

第14～18行代码创建了两个单选按钮,并把它们放到组group中,第23和24行代码将两个单选按钮添加到窗体中。程序运行结果如图5-43所示。

图 5-43　运行结果

Swing 还有其他常用组件，如菜单组件 JMenuBar 、JMenu、JPopMenu，表格组件 JTable 等。在此就不一一介绍，详见 JDK 帮助文档。下面是创建一个登录窗体的示例代码。

```java
1.  // 程序清单 5-54
2.
3.  package demo;
4.
5.  import javax.swing.*;
6.
7.  public class FrmLogin extends JFrame {
8.      private JLabel lblUserName; // 显示用户名标签
9.      private JLabel lblPassword; // 显示密码标签
10.     private JButton btnLogin;   // 登录按钮
11.     private JButton btnClose;   // 退出按钮
12.     private JTextField txtUserName; // 输入用户名文本框
13.     private JPasswordField txtPassword; // 输入密码文本框
14.
15.     public FrmLogin() {
16.         this.setTitle("登录");
17.         this.setSize(400,300);
18.
19.         int x = 50, y = 40;
20.         this.lblUserName = new JLabel("用户名：");
21.         this.lblUserName.setBounds(x, y, 100, 30);
22.         this.txtUserName = new JTextField("root");
23.         this.txtUserName.setBounds(x + 50, y, 200, 30);
24.
25.         this.lblPassword = new JLabel("密码：");
26.         this.lblPassword.setBounds(x, y + 40, 100, 30);
27.         this.txtPassword = new JPasswordField("123456");
28.         this.txtPassword.setBounds(x + 50, y + 40, 200, 30);
29.
30.         x = x + 10;
31.         this.btnLogin = new JButton("登录");
32.         this.btnLogin.setBounds(100, y + 100, 50, 30);
33.         this.btnClose = new JButton("退出");
```

```
34.            this.btnClose.setBounds(x + 150, y + 100, 50, 30);
35.
36.            this.setLayout(null); // 使用绝对定位
37.            this.add(lblUserName);
38.            this.add(txtUserName);
39.            this.add(lblPassword);
40.            this.add(txtPassword);
41.            this.add(btnLogin);
42.            this.add(btnClose);
43.
44.            this.setVisible(true);
45.        }
46.
47.        public static void main(String[] args) {
48.            new FrmLogin();
49.        }
50.    }
```

程序清单 5-54 的运行结果如图 5-44 所示。

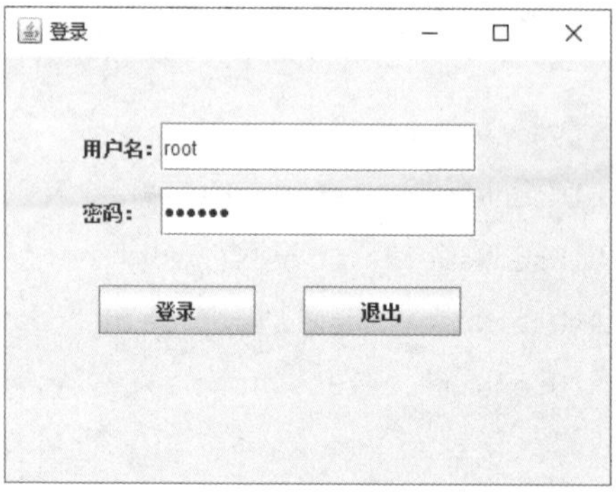

图 5-44 运行结果

知识点 3 事件处理

1. 事件处理机制

当点击了窗体上的组件，或敲击了键盘，程序会响应用户的操作，例如打开、关闭窗体，或在控制台输出信息等。这时需要用到 AWT 的事件处理机制（Swing 并没有提供事件处理机制，所以说 Swing 并不是对 AWT 的替代，而是对 AWT 的增强）。另外，事件处理机制在很多编程语言里面都是相似的，一定要掌握其原理。事件处理机制流程如图 5-45 所示。

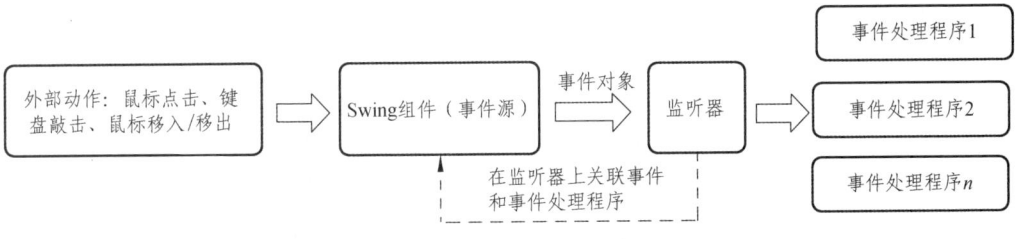

```
外部动作：鼠标点击、键  →  Swing组件（事件源） →(事件对象)→ 监听器 → 事件处理程序1
盘敲击、鼠标移入/移出                                                 事件处理程序2
                                    ↑                                 事件处理程序n
                              在监听器上关联事件
                              和事件处理程序
```

图 5-45 事件处理机制流程

下面是几个重要的概念：

事件源：就是产生事件的组件。例如鼠标点击了"登录"按钮，那么"登录按钮"就是事件源。

事件对象：Java 将对事件源的操作封装在事件对象中，将事件对象传递给监听器。例如鼠标单击了"登录"按钮，对事件源的操作是"单击"，那么传递给监听器的事件对象就包含用户对事件源的操作"单击"。

监听器：用于接收事件对象，根据事件对象中的事件调用相应的事件处理程序响应用户的操作。下面是一个简单的示例。

```java
1.   // 程序清单 5-55
2.   package demo;
3.
4.   import javax.swing.*;
5.   import java.awt.event.MouseEvent;
6.   import java.awt.event.MouseListener;
7.
8.   public class Demo03 extends JFrame {
9.       public Demo03(){
10.          this.setTitle("示例窗口");
11.          this.setSize(400,300);
12.          this.setLayout(null);
13.
14.          JButton btn1=new JButton("按钮 1");
15.          btn1.setBounds(100,100,100,30);
16.          this.add(btn1);
17.
18.          this.setVisible(true);
19.
20.          btn1.addMouseListener(new MouseListener() {
21.              @Override
22.              public void mouseClicked(MouseEvent e) {
```

```
23.                    System.out.println("你单击了按钮1......");
24.                }
25.
26.                @Override
27.                public void mousePressed(MouseEvent e) {
28.
29.                }
30.
31.                @Override
32.                public void mouseReleased(MouseEvent e) {
33.
34.                }
35.
36.                @Override
37.                public void mouseEntered(MouseEvent e) {
38.
39.                }
40.
41.                @Override
42.                public void mouseExited(MouseEvent e) {
43.
44.                }
45.            });
46.        }
47.
48.        public static void main(String[] args) {
49.            new Demo03();
50.        }
51.    }
```

程序清单 5-55 中，第 20～45 行代码是在监听器中关联事件和事件处理程序。按钮 btn1 就是事件源，类 MouseListener 是事件监听器。btn1.addMouseListener( ) 表示要监视按钮 btn1 上的鼠标事件，换句话说，如果 btn1 上发生了鼠标事件（常见的鼠标事件有点击、释放、按下、移入、移出等）就会调用第 22～42 行的事件处理程序。例如：点击按钮调用 mouseClicked( )、释放鼠标调用 mouseRelease( )。

程序清单 5-55 运行后，点击按钮，会在控制台输出 "你单击了按钮 1……"，如图

5-46 所示。也可以尝试给按钮添加更多的事件响应。

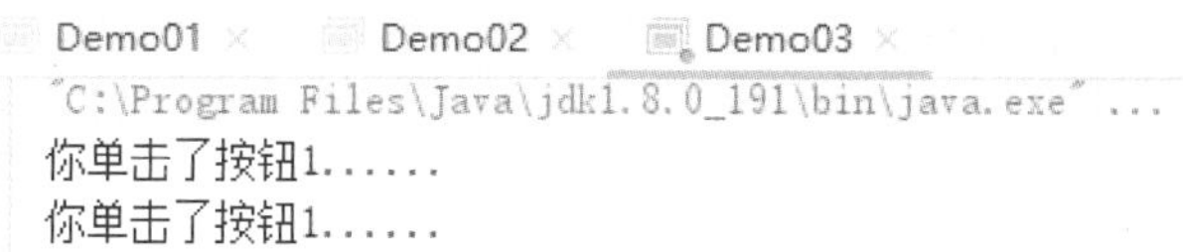

```
你单击了按钮1……
你单击了按钮1……
```

图 5-46 输出结果

在程序清单 5-55 中，对按钮发生了鼠标事件，因此需要在按钮上注册鼠标事件监听器 MouseListener。MouseListener 是一个接口，在注册时需要使用它的实现类，程序清单 5-52 的第 20 行代码使用的是匿名类的方式实现 MouseListener 接口，实现了接口的所有方法。

然而通常响应用户操作，不会响应所有的操作，例如在程序清单 5-55 中，只需要响应鼠标点击，实现 mouseClicked( )方法即可，其余的 4 个方法都是多余的。

Java 提供了事件适配类 MouseAdapter 实现了接口 MouseListener。在注册事件监听时，使用适配器类即可。注意监听器和适配的命名方式，只是将 Listener 换成了 Adapter，其他监听器和适配器的命名也是这样，如程序清单 5-56 所示。

```java
1.   // 程序清单 5-56
2.
3.   package demo;
4.
5.   import Javax.swing.*;
6.   import Java.awt.event.MouseAdapter;
7.   import Java.awt.event.MouseEvent;
8.
9.   public class Demo03 extends JFrame {
10.      public Demo03(){
11.          this.setTitle("示例窗口");
12.          this.setSize(400,300);
13.          this.setLayout(null);
14.
15.          JButton btn1=new JButton("按钮 1");
16.          btn1.setBounds(100,100,100,30);
17.          this.add(btn1);
18.
19.          this.setVisible(true);
20.
21.          btn1.addMouseListener(new MouseAdapter() {
```

```
22.            @Override
23.            public void mouseClicked(MouseEvent e) {
24.                System.out.println("你单击了按钮1......");
25.            }
26.        });
27.    }
28.
29.    public static void main(String[] args) {
30.        new Demo03();
31.    }
32. }
```

2. 常见事件

AWT 中常见的事件有窗体事件（WindowEvent）、鼠标事件（MouseEvent）、键盘事件（KeyEvent）和动作事件（ActionEvent）等。

对窗体进行打开、关闭等操作都会触发窗体事件。Java 使用 WindowListener 监听窗体事件，窗体事件都封装在 WindowEvent 中。下面的代码演示了点击窗体右上角关闭按钮。

```
1.  // 程序清单 5-57
2.  package demo;
3.
4.  import javax.swing.*;
5.  import java.awt.event.WindowAdapter;
6.  import java.awt.event.WindowEvent;
7.
8.  public class Demo04 extends JFrame {
9.      public Demo04(){
10.         this.setTitle("窗体事件演示");
11.         this.setSize(400,300);
12.         this.setVisible(true);
13.
14.         this.addWindowListener(new WindowAdapter() {
15.             @Override
16.             public void windowClosing(WindowEvent e) {
17.                 System.out.println("你点击了窗体的关闭按钮");
18.                 System.exit(0); // 退出程序
19.             }
```

```
20.            });
21.        }
22.
23.    public static void main(String[] args) {
24.        new Demo04();
25.    }
26. }
```

程序运行结果如图 5-47 所示。

```
"C:\Program Files\Java\jdk1.8.0_191\bin\java.exe" ...
你点击了窗体的关闭按钮

进程已结束，退出代码为 0
```

图 5-47　运行结果

WindowListener 接口还有其他的方法响应用户操作，键盘事件（KeyEvent）、键盘监听器（KeyListener）、动作事件（ActionEvent）和动作监听器（ActionListener）的使用详情请参见 JDK 文档。

【任务实施】

实操步骤 1　分析设计

仔细分析，可以使用 Swing 组件创建答题窗口类 QuestionWindow，如图 5-48 所示。

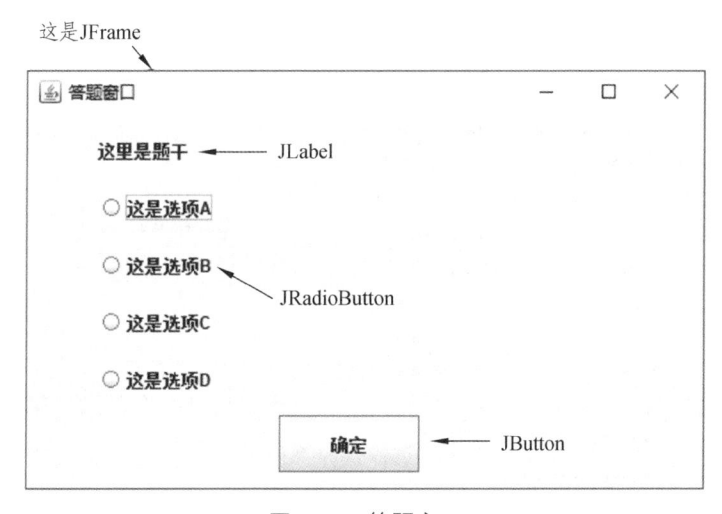

图 5-48　答题窗口

类设计如图 5-49 所示。

```
QuestionWindow
f  lblQuestion        JLabel
f  btnA               JRadioButton
f  btnB               JRadioButton
f  btnC               JRadioButton
f  btnD               JRadioButton
f  btnOk              JButton
m  show(GameWindow) void
```

图 5-49　类设计

实操步骤 2　编码实现——创建答题窗体

请参照图 5-49 创建类 QuestionWindow，类继承自 JFrame。在 show( )方法中初始化窗体中的组件 lblQuestion、btnA、btnB、btnC、btnC、btnD 和 btnOK，并将组件按图 5-48 所示的位置添加到窗体上。

实操步骤 3　编码实现——显示答题窗口

当玩家碰到医疗包，程序暂停，并显示答题窗口。要在 GameWindow 类中添加成员变量 suspend 标识程序状态，初始值为 false，true 表示暂停，false 表示程序运行。当程序暂停时，医疗包、草地和石头处于静止状态（修改 GameWindow 类的 draw( )方法的代码），线程类 GenerateMedicalBag 和 GenerateStone 暂停创建新的医疗包对象和石头对象。类设计如图 5-50 所示。

```
GameWindow
f  suspend              boolean          标识程序暂停，默认值为false
f  gameOver             boolean
f  medicalBags          List<MedicalBag>
f  grassland            Grassland
f  bgMusic              AudioPlayer                GenerateStone
f  jumpMusic            AudioPlayer        m  run()              void
f  grassland2           Grassland
f  player               Player
f  minim                Minim
f  stones               List<Stone>
f  gameOverImg          PImage                     GenerateMedicalBag
m  settings ()          void               m  run()              void
m  setSuspend (boolean) void
m  setup ()             void
m  draw ()              void
m  keyPressed (KeyEvent) void
```

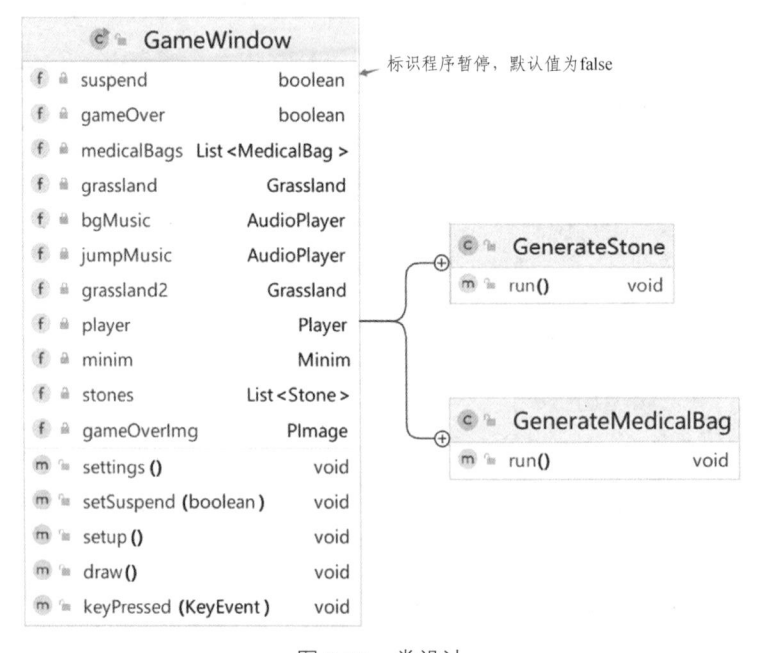

图 5-50　类设计

玩家碰到医疗包时，还要创建 QuestionWindow 对象，并调用 show( )方法显示答题窗口。

实操步骤 4　编码实现——关闭答题窗口

显示答题窗口后，点击"确定"按钮或窗体右上角的"X"按钮关闭答题窗口，程序恢复运行。

> **小提示**
> 　　关闭答题窗口，调用 JFrame 的 dispose( )方法，而不是调用 System.exit( )方法。你知道这两个方法的区别吗？

【评价测试】

完成任务后，请进行自我评价或小组交叉互评，并将结果填入表 5-29 中。

表 5-29　学生评价表

评价指标	评价标准	分值	得分
显示答题窗口	玩家碰到医疗包后，能显示答题窗口	10	
组件布局	答题窗口中的组建布局要规范，排列整齐	30	
关闭窗体	点击窗体中的"确定"或右上角的"X"按钮能关闭答题窗口	20	
程序暂停与恢复	显示答题窗口程序暂停，关闭答题窗口程序恢复运行	20	
运行结果	程序能正常运行，无 Bug，达到预期目标	20	

【拓展提升】

技能进阶　实现多选题答题界面

在上面的任务中，使用单选按钮实现了答题界面，你能在此基础上，使用复选框实现多选题答题界面吗？

任务 8　加载试题

【需求分析】

所有试题以文本的形式加密保存在磁盘中，本次任务要求大家在任务 7 的基础上实现加载磁盘上的试题，随机抽取，解密后显示在答题窗口中。

【学习目标】

(1) 能对数据进行加密和解密;

(2) 能从集合中随机抽取数据;

(3) 能使用 Properties 集合读取数据。

【职业证书对接】

表 5-30　大数据应用开发(Java)职业技能等级要求(中级)

工作任务	职业技能要求
面向对象代码编写	理解类和对象机制,熟练运用 Java 的面向对象机制,用"类"的语法封装对象的行为和状态
Java 高级 API 编程	能对数据进行结构化和非结构化分析,熟练运用 List、Set、Map 等接口及其子类存取复杂数据对象; 能熟练运用 JavaSE 中的 IO 包完成大数据文件的读写和输入/输出控制; 能运用 JavaSE 中的 IO 包完成大数据文本解析
代码调试与程序缺陷修正	能根据程序语法规则,独立完成代码语法的错误识别和修正; 能根据软件功能需求,独立完成代码逻辑错误的识别和修正; 能通过输入/输出调试程序逻辑; 能独立进行异常处理调试

【相关知识】

扫码加入课程。

配套 MOOC 资源

知识点 1　使用 Properties 读取数据

Propertites 是 HashTable 的子类,而 HashTable 实现了接口 Map,因此 Propertites 本质上是双列集合,主要用来存储字符串类型的键值对,如程序清单 5-58 所示。

```
1.  // 程序清单 5-58
2.  package demo;
3.
4.  import java.util.Enumeration;
5.  import java.util.Properties;
6.
7.  public class Demo01 {
8.      public static void main(String[] args) {
9.          Properties pop=new Properties();
10.         pop.put("number","001");
11.         pop.put("name","小张");
12.         pop.setProperty("name","小王");
13.         pop.setProperty("age","20");
```

```
14.
15.         Enumeration popKeys= pop.keys();
16.         while(popKeys.hasMoreElements()){
17.             String key=(String)popKeys.nextElement();
18.             String value=(String)pop.get(key);
19.             System.out.println(key+"="+value);
20.         }
21.     }
22. }
```

第 9 行代码声明 Popertites 类型对象 pop，第 10～11 行代码使用从父类继承的 put( ) 方法添加键值对数据到集合中。第 12～13 行代码的 setProperty( )修改键值对的数据，如果集合中不存在键值对应的数据，则添加键值对数据到集合中，如果存在则修改值。

第 15 行代码获取键集合的枚举器，第 16～20 行代码遍历键集合，获取键对应的值。程序运行结果如图 5-51 所示。

```
"C:\Program Files\Java\jdk1.8.0_191\bin\java.exe"
age=20
name=小王
number=001
```

图 5-51　运行结果

也可以使用 Popertites 自己的方法来获取键集合，遍历获取数据。如程序清单 5-59 的第 15 行和 18 行代码。

```
1.  // 程序清单 5-59
2.  package demo;
3.
4.  import java.util.Enumeration;
5.  import java.util.Properties;
6.
7.  public class Demo02 {
8.      public static void main(String[] args) {
9.          Properties pop=new Properties();
10.         pop.put("number","001");
11.         pop.put("name","小张");
12.         pop.setProperty("name","小王");
13.         pop.setProperty("age","20");
14.
```

```
15.            Enumeration popKeys= pop.propertyNames(); // 获取键集合
16.            while(popKeys.hasMoreElements()){
17.                String key=(String)popKeys.nextElement();
18.                String value=(String)pop.getProperty(key);//根据键获取值
19.                System.out.println(key+"="+value);
20.            }
21.        }
22. }
```

通常使用 Properties 的场景是将键值对数据保存在文本文件中，再使用 Popertites 的 load( )方法将数据加载到集合中。

假设 data 文件夹下有一个名为 "test.Properties" 的文件，内容如图 5-51 所示。使用程序清单 5-60 所示的代码读取 test.propertites 文件的内容，运行结果如图 5-52 所示。

number=001
name=小张
age=20

图 5-52　文件内容

```
1.  // 程序清单 5-60
2.  package demo;
3.
4.  import java.io.FileReader;
5.  import java.io.IOException;
6.  import java.util.Enumeration;
7.  import java.util.Properties;
8.
9.  public class Demo03 {
10.     public static void main(String[] args) {
11.         Properties pop=new Properties();
12.         try {
13.             // 加载文件中的键值对数据
14.             pop.load(new FileReader("data/test.properties"));
15.
16.             Enumeration popKeys= pop.propertyNames(); // 获取键集合
17.             while(popKeys.hasMoreElements()){
18.                 String key=(String)popKeys.nextElement();
```

```
19.                    String value=(String)pop.getProperty(key);//根据键
获取值
20.                    System.out.println(key+"="+value);
21.                }
22.            } catch (IOException e) {
23.                e.printStackTrace();
24.            }
25.
26.        }
27. }
```

运行程序后会发现 name 输出的是??，这是因为在 IDEA 中，popertites 文件的编码形式默认为"ISO-8859-1"，需要使用菜单"File"→"Setting"→"Editor"→"File encodings"将 popertites 文件默认编码改为"UTF-8"，即可正确读取汉字。

知识点 2　随机抽取 List 中的数据

List 中的数据是有顺序的，假定 List 中有 10 个元素，想要从 List 中读取 5 个元素，应该怎么办呢？

可以使用 Math.Random( )产生 0～9 的随机数，然后再根据随机数获取 List 对应位置的元素，重复循环 5 次即可。但是这种方法很大可能会获取到相同的数据，因为循环产生随机数可能相同，所以要判断元素是否被重复抽取，如果重复了，要重新抽取。示例代码如下：

```
1.  // 程序清单 5-61
2.  package demo;
3.
4.  import java.util.ArrayList;
5.  import java.util.List;
6.
7.  public class Demo04 {
8.      public static void main(String[] args) {
9.          List<String> list1=new ArrayList<>();
10.         // 初始化集合，在 list1 中装入 10 个元素
11.         for(int i=0;i<10;i++){
12.             list1.add("String "+(i+1));
13.         }
14.
```

```
15.         List<String> list2=new ArrayList<>();
16.         for(int i=0;i<5;i++){
17.             String str;
18.             do{
19.                 // Math.random()产生的是 0~1.0（不含1.0）的小数
20.                 // 因此要将数据放到10倍，再转换为 int，得到0~9的数据
21.                 int index=(int)(Math.random()*10);
22.                 str=list1.get(index);
23.                 // 判断 str 是否是第1次抽取
24.                 if(!list2.contains(str)){
25.                     list2.add(str);
26.                     break;
27.                 }
28.             }while(true);
29.         }
30.         System.out.println(list2);
31.     }
32. }
```

程序清单 5-61 的方法稍显麻烦，可以使用 Collections.shuffle( )方法打乱集合中的数据，再依次抽取 5 条数据，如程序清单 5-62 所示。

```
1.  // 程序清单 5-62
2.  package demo;
3.  
4.  import java.util.ArrayList;
5.  import java.util.Collection;
6.  import java.util.Collections;
7.  import java.util.List;
8.  
9.  public class Demo05 {
10.     public static void main(String[] args) {
11.         List<String> list1=new ArrayList<>();
12.         // 初始化集合，在 list1 中装入 10 个元素
13.         for(int i=0;i<10;i++){
14.             list1.add("String "+(i+1));
```

```
15.         }
16.         Collections.shuffle(list1);
17.
18.         List<String> list2=new ArrayList<>();
19.         for(int i=0;i<5;i++){
20.             list2.add(list1.get(i));
21.         }
22.         System.out.println(list2);
23.     }
24. }
```

> **小提示**
> Collections 类在 java.util 包中，是 Java 提供的专门操作集合的工具类，里面有很多静态方法，常用的方法有 sort（排序）、reverse（反转）、shuffling（乱序）等。
> 操作数组的工具类是 Arrays，也在 java.util 包中。

知识点 3　加密和解密

Java 中常见的加密方式有两种：对称加密和非对称加密。

对称加密采用了对称密码编码技术，它的特点是加密和解密使用相同的密钥，如图 5-53 所示。这种方法在密码学中叫作对称加密算法，对称加密算法使用起来简单快捷，密钥较短，破译困难，而且对计算机的性能要求不高。

常见的对称加密算法有 DES、AES 等。

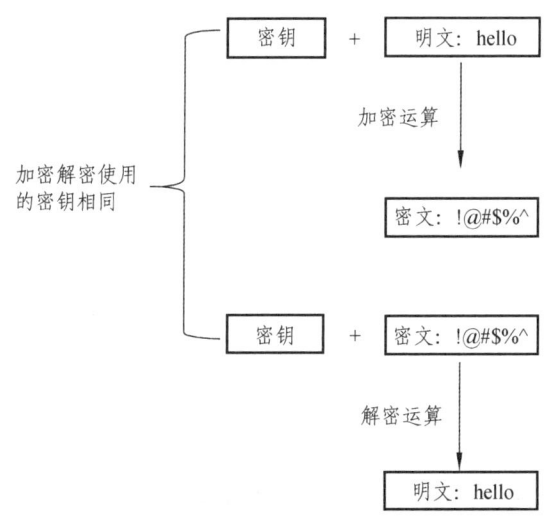

图 5-53　对称加密

非对称加密算法需要两个密钥：公开密钥（public key）和私有密钥（private key）。公开密钥与私有密钥是一对，如果用公开密钥对数据进行加密，只有用对应的私有密钥才能解密；如果用私有密钥对数据进行加密，那么只有用对应的公开密钥才能解密。因为加密和解密使用的是两个不同的密钥，所以这种算法叫作非对称加密算法，如图5-54所示。非对称加密算法的安全性高于对称加密算法。但是其加密和解密花费的时间较长，速度相对较慢，适合对少量数据进行加密。如果对速度有要求，并且数据较大，适合采用对称加密。

常见的非对称加密算法有 RSA。

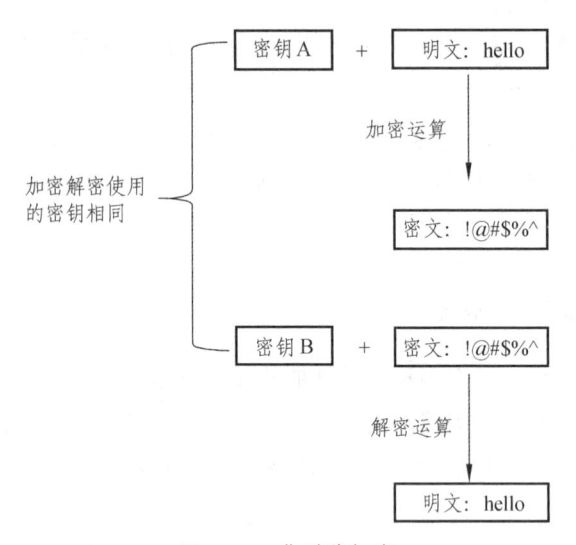

图 5-54　非对称加密

下面的代码使用了对称加密算法 DES 对数据进行了加密和解密。

```
1.   // 程序清单 5-63
2.   package demo;
3.
4.   import javax.crypto.Cipher;
5.   import javax.crypto.KeyGenerator;
6.   import java.security.Key;
7.   import java.security.SecureRandom;
8.
9.   public class Demo06 {
10.      public static void main(String[] args) {
11.          try {
12.              String strKey="123"; // 字符串密钥
```

```
13.            KeyGenerator generator = KeyGenerator.getInstance
("DES");
14.            generator.init(new SecureRandom(strKey.getBytes()));
15.            Key key = generator.generateKey(); // 生成密钥
16.
17.            Cipher cipher = Cipher.getInstance("DES"); // DES 算法
18.            // 用密钥初始化 Cipher 对象(加密)
19.            cipher.init(Cipher.ENCRYPT_MODE,key);
20.            // 执行加密
21.            byte[] encryptByte=cipher.doFinal("世界你好".getBytes());
22.            String encryptStr=new String(encryptByte);
23.            System.out.println(encryptStr); // 输出加密字符串
24.
25.            cipher.init(Cipher.DECRYPT_MODE,key); // 解密模式
26.            byte[] decryptByte=cipher.doFinal(encryptByte);//解密
27.            String decryptStr=new String(decryptByte);
28.            System.out.println(decryptStr);
29.
30.        } catch (Exception e) {
31.            e.printStackTrace();
32.        }
33.    }
34. }
```

【任务实施】

可以扫描右方二维码下载样例试题。

样例试题

实操步骤1　分析设计——创建试题类

试题包含以下项目：编号、题干、选项 A、选项 B、选项 C、选项 D、答案和分值。因此，需要在 model 包中创建类 Question 表示试题，类设计如图 5-55 所示。

```
         C  Question
 m   Question()
 m   Question(int, String, String[], String, int)
 m   equals(Object)                      boolean
 m   hashCode()                              int
 m   loadAllQuestion(String)   List<Question>
 m   toString()                           String
 p   answer                               String
 p   id                                      int
 p   options                            String[]
 p   score                                   int
 p   title                                String
 p   userOption                           String
```

图 5-55　类设计

参照图 5-55 创建 Question 类，编写 6 个成员变量、getter 和 setter 方法、两个构造方法，重写 equals( )、hashCode( )、toString( )方法。

实操步骤 2　编码实现——从磁盘加载试题

参照图 5-56，编写静态的 loadAllquestion(String path)方法从指定文件夹中加载所有试题，并在 QuestionWindow 的构造函数中调用该方法。试题存储在 data\strQuestion 文件夹下，每一个试题是一个单独的 properties 文件。方法返回所有试题的 List 集合，图 5-56 是试题文件夹和 propertites 文件示例。

```
v  data
   >  data
   >  game
   >  playingCard
   >  question
   >  route
   >  sound
   v  srcQuestions
         1.properties
         2.properties
         3.properties
```

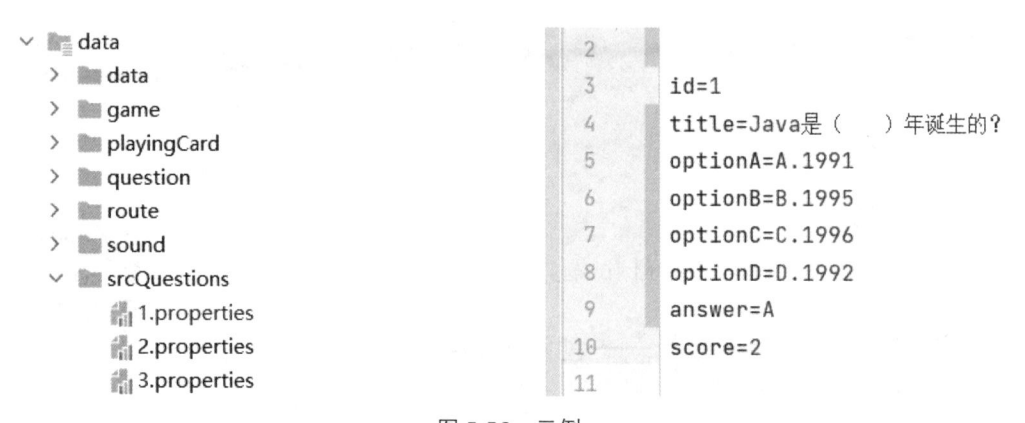

```
 2
 3    id=1
 4    title=Java是（　　）年诞生的？
 5    optionA=A.1991
 6    optionB=B.1995
 7    optionC=C.1996
 8    optionD=D.1992
 9    answer=A
10    score=2
11
```

图 5-56　示例

实操步骤 3　编码实现——随机抽题

在 QuesionWindow 的构造函数中，加载了所有试题保存在变量 allQuestions 中，请编写代码，实现随机抽取 10 道试题，并将第一个试题显示在答题窗口中。可以在答题窗口类中新增成员变量 questions 保存抽取出来的试题，类设计如图 5-57 所示。

```
QuestionWindow
f  lblQuestion         JLabel
f  btnA               JRadioButton
f  btnB               JRadioButton
f  btnC               JRadioButton
f  btnD               JRadioButton
f  btnOk              JButton
f  allQuestions       List<Question>    ← 从磁盘加载的所有试题
f  questions          List<Question>    ← 随机抽取的10道试题
f  currentQuestion    Question          ← 窗体上显示的试题
m  QuestionWindow()
m  show(GameWindow)   void
```

图 5-57　类设计

实操步骤 4　编码实现——判题

当用户选择了答案，单击"确定"按钮，判断选择是否正确，并在控制台输出用户的选择。例如在控制台输出"你的选择是 A，答案正确（错误）"。

【评价测试】

完成任务后，请进行自我评价或小组交叉互评，并将结果填入表 5-31 中。

表 5-31　学生评价表

评价指标	评价标准	分值	得分
加载磁盘上的试题	能将磁盘上所有的试题加载进程序放到 List 集合中	30	
随机抽取试题	能随机抽取指定数量的试题	20	
显示试题	能在答题窗口显示试题	20	
批改试题	能判断用户的答案是否正确，并在控制台输出	10	
运行结果	程序能正常运行，无 Bug，达到预期目标	20	

【拓展提升】

技能进阶　对试题加密

任务中试题的所有信息都使用明文，可以使用知识点 3 的相关知识尝试对试题进行加密，并且解密后显示在窗口中。

任务 9　切换试题和计分

【需求分析】

本次任务要求大家在任务 8 的基础上实现显示下一题、计分，并将分数显示在程序的右上角，如图 5-58 所示。

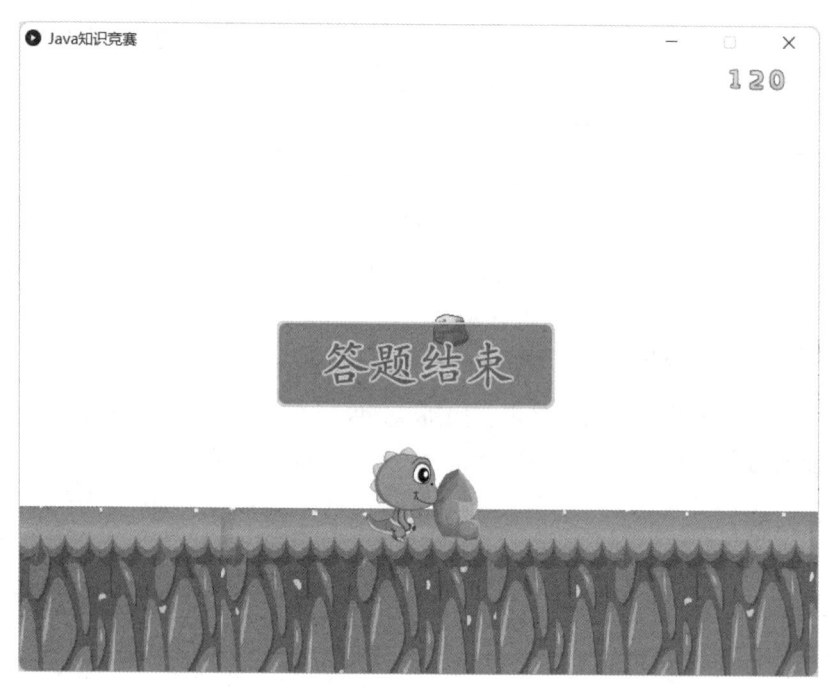

图 5-58　实现效果

【学习目标】

（1）能在类中定义、初始化静态成员变量；

（2）能描述类堆、栈和方法区以及对象在内存中的存放模型。

【职业证书对接】

表 5-32　大数据应用开发（Java）职业技能等级要求（中级）

工作任务	职业技能要求
面向对象代码编写	理解类和对象机制，熟练运用 Java 的面向对象机制，用"类"的语法封装对象的行为和状态
代码调试与程序缺陷修正	能根据程序语法规则，独立完成代码语法的错误识别和修正； 能根据软件功能需求，独立完成代码逻辑错误的识别和修正； 能通过输入/输出调试程序逻辑； 能独立进行异常处理调试

【相关知识】

扫码加入课程。

知识点 1　静态成员变量

Java 中有一个关键字叫 static，用来修饰成员变量、方法以及代码块。请看下面的示例代码。

```java
1.  // 程序清单 5-64
2.  package demo;
3.
4.  class Student{
5.      public String number;
6.      public String name;
7.      public int age;
8.      public static String className; // 班级名称
9.      private static int count=0; // 班级总人数
10.
11.     public Student(String number, String name, int age) {
12.         this.number = number;
13.         this.name = name;
14.         this.age = age;
15.         this.count++;
16.     }
17.
18.     public static int getCount() { //获取班级人数
19.         return count;
20.     }
21. }
22.
23. public class Demo01 {
24.     public static void main(String[] args) {
25.         Student s1 = new Student("001", "小张", 20);
26.         Student s2 = new Student("002", "小王", 20);
27.         Student.className = "软件技术 22-1 班";
28.         System.out.println(Student.className+" 人 数 为 : " + Student.getCount());
29.     }
```

```
30. }
```

　　程序清单 5-64 中有两个类 Student 和 Demo01。这里由于篇幅所限，Student 类的成员变量 number、name、age 和 schoolName 没有封装，在企业开发中，这些成员变量都应封装。成员变量 count 的值不能设置，因此只提供了 get( )方法。

　　第 8 行代码和第 9 行代码的成员变量用 static 关键字修饰，是静态成员变量；第 18~20 行代码声明的是静态方法 getCount( )，用于返回静态成员变量 count。

　　第 11~15 行代码声明了 Student 类的构造方法，在构造方法内部能使用 this 关键字访问静态成员变量 cout；在静态方法内部不能使用 this 关键字。换句话说，就是在非静态方法内部能使用 this 关键字调用静态成员和静态方法，在静态方法内部不能调用非静态成员变量和方法，只能直接调用静态成员变量和静态方法。

　　程序运行结果如图 5-59 所示。

```
"C:\Program Files\Java\jdk1.8.0_191\bin\java.exe" ...
软件技术22-1班人数为：2
```

图 5-59　运行结果

知识点 2　JVM 内存模型

　　JVM 将 Java 内存分为 3 个部分：栈、堆和方法区。程序运行时，JVM 首先将类的字节码加载后存放到方法区，并将程序中所有的字符串常量和静态成员变量也存放到方法区。图 5-60 和图 5-61 演示了程序清单 5-64 的程序执行时的内存示意图。

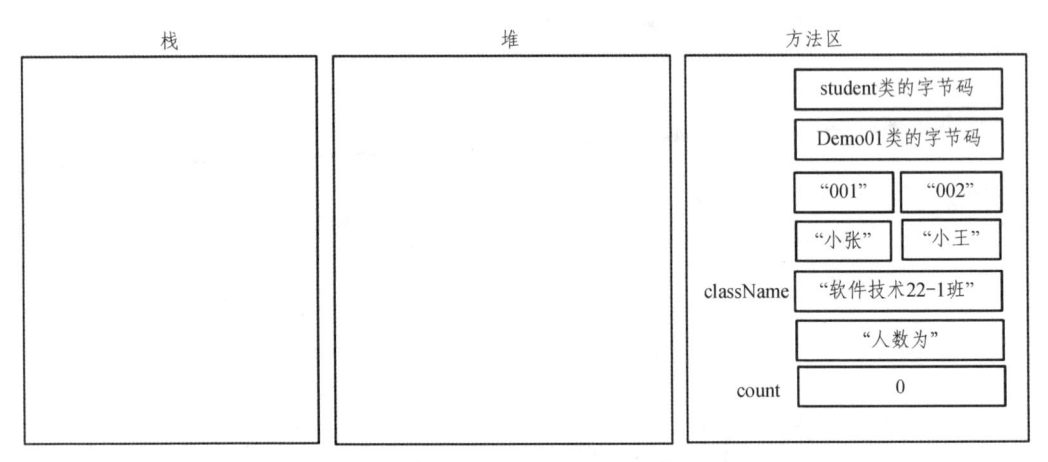

图 5-60　内存示意

　　程序从 Demo01 类的 main( )方法开始执行。第 25 和 26 行代码定义并初始化对象 s1 和 s2，JVM 会将对象 s1 和 s2 存放在堆空间中，在栈空间中开辟两个区域存储对象 s1 和 s2 的地址，可以说，s1 和 s2 分别指向了堆中的空间，如图 5-61 所示。

　　对象 s1 的 number 属性值为 "001"，因此指向了方法区中的字符串常量 "001"，name 属性的值为 "小张"，因此指向了方法区中的字符串常量 "小张"，age 属性的值为 20。

className 和 cout 是静态成员，所以也指向了方法区的静态变量 className 和 cout。

对象 s2 在内存中的存放和 s1 类似（图 5-61 未画全）。从图 5-60 可知，对象 s1 和 s2 公用了静态成员变量 className 和 cout。

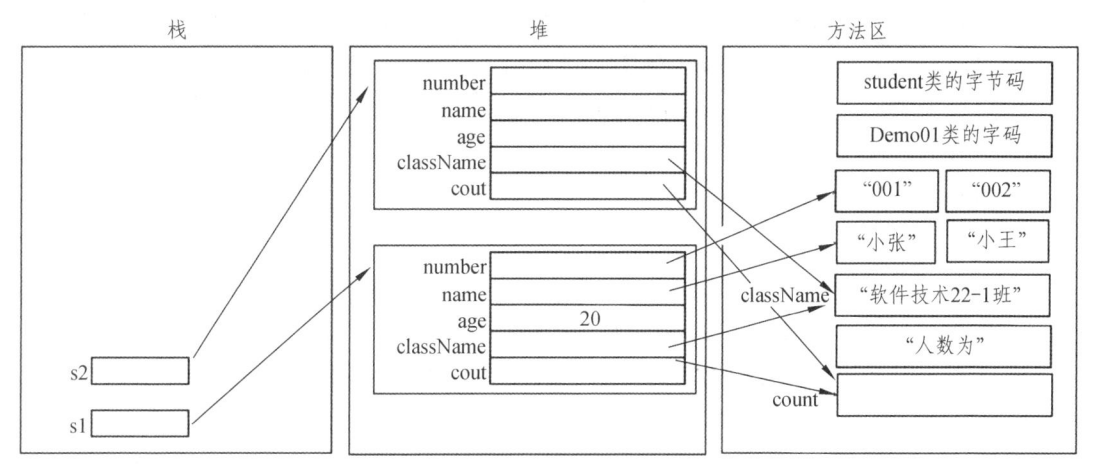

图 5-61　s1 和 s2 的存储地址

程序清单 5-64 的代码在运行时，首先创建对象 s1，在构造函数中将方法区 cout 变量的值修改为 1；然后再创建对象 s2，将方法区 count 变量的值修改为 2，因此清单输出的 cout 值为 2。

可以将程序清单 5-64 的代码输入计算机中，观察程序的运行结果。关上书本，试着自己画一画程序清单 5-64 的对象在内存中存放的模型。

知识点 3　初始化静态成员变量

在 Java 类中，使用 static 和一对大括号括起来的代码称为静态代码块，通常用来初始化静态成员变量。当类被加载（第一次实例化对象）时会执行静态代码块中的代码，静态代码块中的代码只会执行一次。

```
1.   // 程序清单 5-65
2.   package demo;
3.
4.   class Teacher{
5.       private String name;
6.       private int age;
7.
8.       static {
9.           //这里是静态代码块
10.          System.out.println("静态代码块被执行了...");
11.      }
```

```
12.     }
13. public class Demo02 {
14.     public static void main(String[] args) {
15.         Teacher t1;
16.         Teacher t2=new Teacher();
17.         Teacher t3=new Teacher();
18.     }
19. }
```

运行程序清单 5-65 的代码，会在控制台输出一次"静态代码块被执行了..."。执行第 15 行代码时，不会调用静态方法，因为 t1 对象没有被实例化，执行第 16 行代码创建 t2 对象时会执行静态代码块的方法，执行第 17 行代码创建 t3 对象时不会调用静态代码块。

【任务实施】

共有 10 张图片表示 0~9 的数字，命名为 0.png~9.png。可以扫描下方二维码下载数字图片和"答题结束"图片。

实操步骤 1　分析设计

上一个任务在 QuestionWindow 的无参构造函数中将磁盘上的试题加载放到了集合 allQuestions 中，并随机抽取了 10 道试题放到了集合 questions 中，然后将 questions 集合中的第一个试题赋值给变量 currentQuestion，最后将 currentQuestion 显示在答题窗口中。类设计如图 5-62 所示。

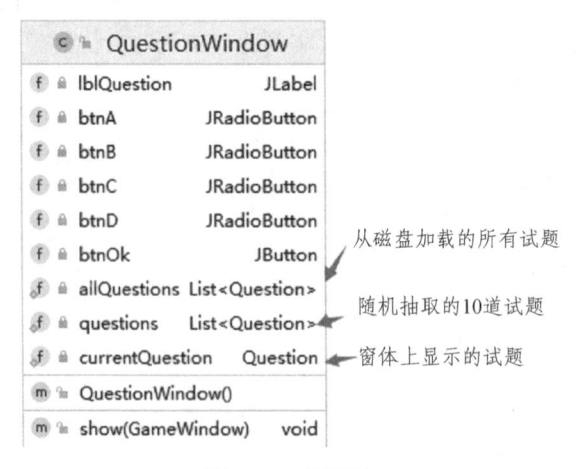

图 5-62　类设计

当用户答完第 1 题，玩家再次碰到医疗包需要显示第 2 题。我们可以给答题窗口（QuestionWindow）类增加一个新的整型成员变量 index，初始值为 0，

currentQuestion.get(index)表示当前试题，当用户点击"确定"按钮时，除了关闭答题窗口，还需要将 index 增加 1，然后根据 index 的值获取 questions 集合的数据，改变 currentQuestion。

根据上述思路，在任务 8 的继承上编写代码，关闭答题窗口（QuestionWindow）的部分代码如下：

```
1.  // 程序清单 5-66
2.
3.  //前面的代码......
4.  JFrame f = this;
5.  this.addWindowListener(new WindowAdapter() {
6.      public void windowClosing(WindowEvent windowEvent) {
7.          //前面的代码
8.          index ++ ;
9.          if(index == 10){
10.             win.setGameOver(true);
11.         }
12.         currentQuestion=questions.get(index);
13.     }
14. });
15. //后面的代码.....
```

在答题窗口中点击"确定"按钮时，也是这种思路，其代码与程序清单 5-66 类似，这里不再赘述。

应该会发现，玩家再次碰到医疗包时，试题可能发生了变化，也可能没有发生变化。那么，试题到底切换成功了吗？可以在 index 值增加后，在控制台输出 index 的值，看看值是多少。每一次点击"确定"按钮后，index 的值均为 1，并不是期望的"1，2，3，4，5…"。和组员讨论后在下面的方框中填写你的想法。

```




```

实操步骤 2　编码实现——切换试题

请仔细观察游戏窗口（GameWindow）类的 draw( )方法中玩家碰到医疗包的代码：

```
1.   //程序清单 5-67
2.
3.   //前面的代码......
4.   for (MedicalBag medicalBag : medicalBags) {
5.       //前面的代码.....
6.
7.       //越界删除
8.       if (medicalBag.getX() <= 0) {
9.           medicalBags.remove(medicalBag);
10.      }
11.
12.      //检测是否和玩家相撞
13.      if(medicalBag.collide(solider)){
14.          medicalBags.remove(medicalBag);
15.          this.suspend=true; // 暂停游戏
16.          new QuestionWindow().show(this);
17.      }
18.  }
19.  //后面的代码......
```

在程序清单 5-67 中，第 13 行代码检查医疗包是否和玩家发生碰撞，当玩家碰到医疗包显示答题窗口的代码为：new QuestionWindow( ).show(this)。也就是说，每一次碰到医疗包都创建了一个新的对象，而成员变量 allQuestions、questions 和 index 都是不是静态的，每一个对象的 allQuestions、questions 和 index 都是不同的。所以每一次显示答题窗口时，抽取的 10 道试题都是不同的，index 的初始值都为 0。

显然，成员变量 allQuestions、questions 和 index 都应该声明为静态成员变量。并在静态代码块中完成读取所有试题，随机抽取试题和将 qustions 集合的第 1 条数据赋值给对象 currentQuestion。

当 10 道试题都显示完后，答题结束。

实操步骤 3　编码实现——新增 Score 类

设计类 Score 表示程序中的分数，分数由 0～9 的数字构成，因此在 Score 类中声明图片数组，表示 0～9，还应该有一个方法 show( )表示在游戏窗口中显示分数。类设计如图 5-63 所示。

图 5-63　类设计

请参照图 5-63 在 model 包中新增 score 类。数字 0～9 的图片存放在 data\Game 目录下，其名称为 "0.png、1.png…9.png"。

实操步骤 4 编码实现——计分

第一步：在游戏窗口（GameWindow）添加成员变量 score，表示分数对象。
第二步：在游戏窗口（GameWindow）的 setup( )方法中初始化 score 对象。
第三步：在游戏窗口（GameWindow）的 draw( )方法中调用 score 对象的 show( )方法在窗体中绘制分数。
第四步：答题时，用户点击"确定"按钮后判断选项是否正确，如果正确，则调用 Score 类的 add( )方法增加分数。

【评价测试】

完成任务后，请进行自我评价或小组交叉互评，并将结果填入表 5-33 中。

表 5-33 学生评价表

评价指标	评价标准	分值	得分
切换试题	能正确切换试题，当 10 道试题全部显示完后，答题结束	40	
计分	能正确累计分数	10	
显示分数	能正确显示分数	30	
运行结果	程序能正常运行，无 Bug，达到预期目标	20	

【拓展提升】

技能进阶 1 切换试题

如果不使用静态成员变量，你能用其他方法实现试题切换吗？

技能进阶 2 JVM 内存模型

本任务所讲的内存模型是针对 JDK7 版本的。JDK8 及以后版本，Java 对内存管理有变化，感兴趣的同学请自行查找相关资料。

模块 6　部署程序

任务　打包和部署

【需求分析】

本次任务要求大家将前面模块中编写好的程序打包，并部署在其他计算机上进行测试。

【学习目标】

（1）能使用 IDEA 将 Java 程序源程序打包成 jar；
（2）能将 jar 打包成 exe 文件。

【职业证书对接】

表 6-1　大数据应用开发（Java）职业技能等级要求（中级）

工作任务	职业技能要求
部署程序	能将开发的程序打包

【相关知识】

扫码加入课程。

配套 MOOC 资源

知识点 1　什么是打包

经过前面课程的学习，我们知道 Java 源文件编译后会生成 class 文件。打包就是将 class 文件、程序用到的图片、声音等资源文件以及其他的 jar 包生成一个 jar 文件。

知识点 2　使用 IDEA 打包

第一步：单击"File"→"Project Structure"，依次选择"Artifacts"→"JAR"→"From modules with dependencies..."，如图 6-1 所示。

图 6-1　第一步

第二步：选择要打包的模块，以及入口方法类，选择"extract to the target JAR"，如图 6-2 所示。

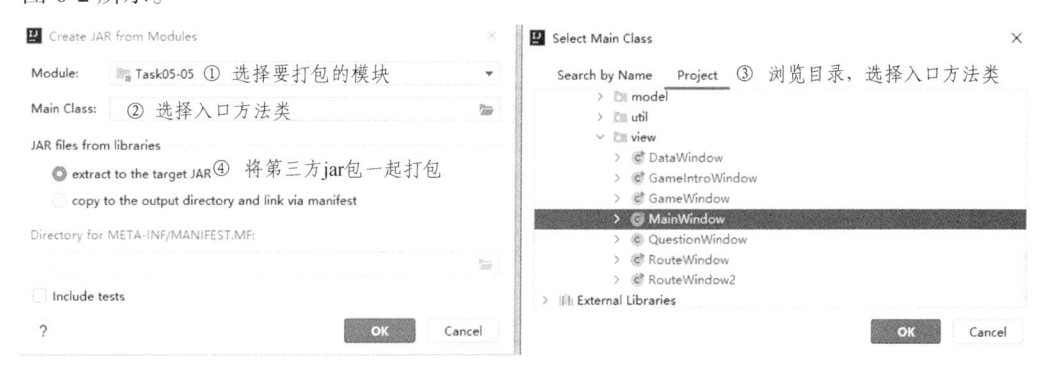

图 6-2　第二步

第三步：点击菜单"Build"→"Build Artifacts"，选择要创建的 jar 文件，再选择"Build"或"Rebuild"（第一次创建选择 Build，以后都选择 Rebuild）。

知识点 3　将程序打包成 exe 文件

双击打好包的 jar 文件即可运行程序。但是有一个前提条件，就是计算机上必须要安装 JDK。要每一个用户都自行安装 JDK 显然是不现实的。可以使用 Java 提供的工具 Javafxpackager 将 jar 文件打包成 exe 文件。

假设在 D 盘上创建一个文件夹叫"srcJar",将打包好的 jar 文件拷贝到 srcJar 文件夹中,然后再在 D 盘上创建一个名为"exe"的文件夹。

在 cmd 命令行输入如下命令:

Javafxpackager-deploy-native image -appclass view.MainWindow-srcdir D:/srcJar -outdir D:/exe-outfile testApp-name test 开始打包,如图 6-3 和图 6-4 所示。test.exe 文件就是需要的可执行文件。可以将 exe\bundles 文件夹下的程序拷贝到目标计算机上,直接运行 test.exe 文件即可(目标计算上不需要安装 JDK,因为打包好的文件夹中自带 JDK)。

Javafxpackager 命名的参数如下:

deploy:打包程序根据其他参数生成 jnlp 和 html 文件。

native:生成自包含的应用程序包,如果指定了类型,则只创建此类型的包,所支持类型的列表包括 installer、image、exe、msi、dmg、rpm 和 deb。

appclass:要执行的应用程序类的限定名称,即程序入口类的全路径。

srcdir:待打包文件的基目录。

outdir:要将输出文件生成到的目录的名称。

outfile:生成的文件的名称(不带扩展名)。

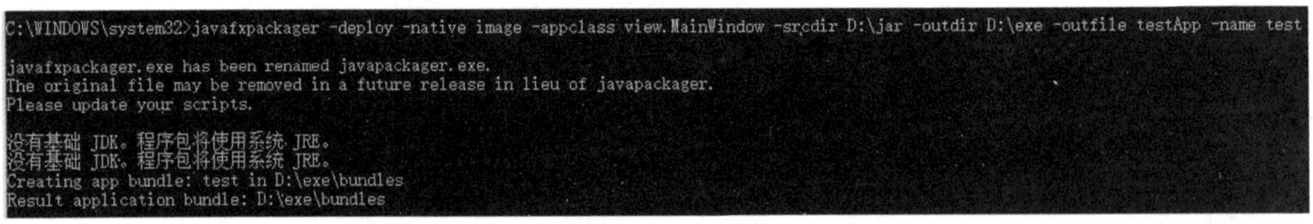

图 6-3 开始打包

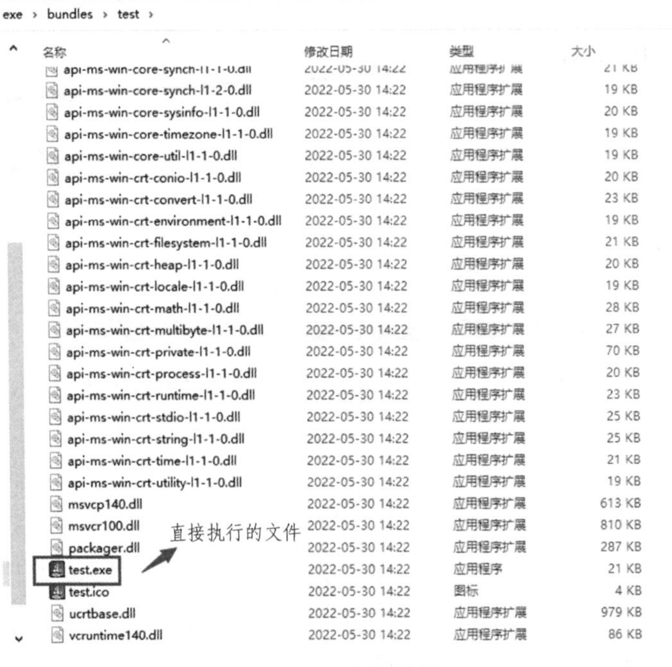

图 6-4 可执行文件

【任务实施】

实操步骤 1　打包 jar

参照知识点 2 将程序打包成 jar 文件。

实操步骤 2　将程序打包成 exe 可执行文件

参照知识点 3，将上一步打包的 jar 文件打包成可执行文件。

实操步骤 3　部署程序

将打包好的 exe 文件拷贝到目标计算上，测试能否正常运行。

【评价测试】

完成任务后，请进行自我评价或小组交叉互评，并将结果填入表 6-2 中。

表 6-2　学生评价表

评价指标	评价标准	分值	得分
打 jar 包	能正确将 class 文件、资源文件打包到 jar 文件中	40	
打包 exe 文件	能使用 Javafxpackager 将 jar 打包成 exe 文件	30	
部署	打包好的 exe 文件能在目标计算机上正确运行	30	

【拓展提升】

技能进阶　使用 exe4J 打包

将 jar 文件打包成 exe 文件还可以使用第三方工具，如 exe4J。请大家查阅相关资料，尝试使用 exe4J 完成打包。

参考文献

[1] 霍斯特曼. Java 核心技术卷 I 基础知识[M]. 11 版. 周立新,译. 北京:机械工业出版社,2016.
[2] 希夫曼. Processing 编程学习指南原书[M]. 2 版. 北京:机械工业出版社,2017.